普通高等教育机械类系列教材

工 程 训 练

主　编　吴俊飞　　周桂莲　　付　平
副主编　吴　鸿　　郭克红　　刘艳香
参　编　曹同坤　　李军英　　侯俊英　　李向荣　　王蕾

西安电子科技大学出版社

内 容 简 介

本书是根据教育部工程材料及机械制造基础课程教学指导组提出的工程训练教学基本要求和工程材料及机械制造基础课程教学基本要求,并考虑应用型本科人才培养要求及其工程训练实践教学的特点,结合近年来各院校工程训练教学改革经验编写而成的。本书共 12 章,主要介绍了铸造、锻压、焊接、热处理、钳工、车削加工、铣削加工、刨削加工、磨削加工、镗削加工、拉削加工、特种加工和数控加工的基本知识、加工方法,并介绍了常用的设备和工具。

本书可作为高等工科院校机械类、近机类、非机械类专业学生进行工程训练的教材,也可作为相关技术人员的参考书。

图书在版编目(CIP)数据

工程训练/吴俊飞,周桂莲,付平主编. —西安:西安电子科技大学出版社,2021.12
ISBN 978-7-5606-6322-7

Ⅰ. ①工… Ⅱ. ①吴… ②周… ③付… Ⅲ. ①机械制造工艺 Ⅳ. ①TH16

中国版本图书馆 CIP 数据核字(2021)第 246058 号

策划编辑 毛红兵
责任编辑 李 军 张 玮
出版发行 西安电子科技大学出版社(西安市太白南路 2 号)
电   话 (029)88202421 88201467   邮   编 710071
网   址 www.xduph.com   电子邮箱 xdupfxb001@163.com
经   销 新华书店
印刷单位 陕西天意印务有限责任公司
版   次 2021 年 12 月第 1 版   2021 年 12 月第 1 次印刷
开   本 787 毫米×1092 毫米 1/16   印 张 13.25
字   数 307 千字
印   数 1～2000 册
定   价 36.00 元

ISBN 978-7-5606-6322-7/TH

XDUP 6624001-1

如有印装问题可调换

前　　言

近年来，随着高等教育的发展与技术进步，为满足宽口径人才培养模式和日趋重要的实践能力培养的需求，各工科院校纷纷成立了工程训练中心，加大了对工程训练经费和先进设备的投入，将传统的金工实习逐步发展为面向跨学科，体现实践能力，综合素质和创新能力培养并重的现代工程训练。

本书在内容上涵盖了现代机械制造工艺过程的主要知识和工程训练的基本要求，正确处理了传统工艺与现代新技术的关系。本书在编写过程中坚持立足于应用型工程技术人才培养的实际，遵循注重创新、突出实用、培养能力的原则，重视训练中的安全问题，重视基础性的常规切削加工技术训练，引入了先进的特种加工技术和数控加工技术，力求有助于培养学生的工程素质和创新意识，提高学生的工程实践能力和动手能力。

本书在编写过程中力求取材新颖，联系实际，结构紧凑，文字简练，直观形象，图文并茂，做到基本概念清晰，重点突出，紧密结合工程实践。

本书可作为高等工科院校机械类、近机类、非机械类专业学生进行工程训练的教材，也可作为企业相关技术人员的参考书。

本书由吴俊飞、周桂莲、付平担任主编，吴鸿、郭克红、刘艳香担任副主编。吴鸿编写概述，付平编写第 1、5 章，付平与刘艳香共同编写第 2、3 章，侯俊英编写第 4 章，周桂莲编写第 6 章，郭克红编写第 7 章，吴俊飞编写第 8～10 章，吴鸿、曹同坤、王蕾编写第 11 章，吴鸿、李军英、李向荣编写第 12 章。全书由吴俊飞和周桂莲统稿。

本书的编写是加强实践教学、提高工程实践教学质量的初步尝试，由于编者水平所限，书中难免存在不妥之处，诚请广大读者提出宝贵意见。

编　者
2021 年 8 月

目　　录

概述(Summary)

各工科院校开展工程实践训练教学的特色不一，此处仅以青岛科技大学为例，对工程实践训练的相关内容作以概述。

1. 工程实践训练的目的

工程实践训练是一个相当重要的实践教学环节，它是学生获得工程实践知识、建立创新能力、培养操作技能的主要教育形式，也是学生接触生产、获得管理知识的重要途径。通过在实习过程中参观制造系统现场，观看演示，进行独立操作和相关的设计，可以达到如下目的：

(1) 使学生了解机械制造方面的实践知识，建立机械制造过程的基本概念。在实习中，学生要学习机械制造的各种主要加工方法及其所用设备的基本结构、工作原理和操作方法，并能够正确使用各类工具、夹具和量具等。

(2) 培养学生的实践能力，这其中既包括在实践中学习、获取知识的能力，也包括用所学知识解决实际问题的能力。在实习中，学生可直接操作各种设备，使用各种工具、量具，独立完成零部件制造全过程。

(3) 提升学生的综合素质，培养学生成为工程技术人员所必须具有的质量意识、环境意识、管理意识和安全生产意识。工程实践训练一般在学校工程技术中心进行，实习现场不同于教室，在这个特定的环境下，学生第一次用自己的劳动创造物质财富，将亲身感受劳动的艰辛，体验劳动成果的来之不易，从而培养和增强工程素养。

2. 工程实践训练的要求

工程实践训练是一门实践性很强的课程，不同于一般的理论课程，它既没有系统的理论，也没有定理和公式，只有一些具体的生产经验和工艺知识。因此，学生在实践中要做到：

(1) 了解机械零件的加工生产过程，熟悉常用的工程术语。

(2) 了解加工过程中使用的主要设备的工作原理、操作方法，熟悉并能正确使用各种工具和量具等。

(3) 能独立操作机床设备，完成简单零件的加工制造。

(4) 预习和复习实习教材，按时完成实习报告册和实验报告。

(5) 严格遵守实习场地纪律，重视人身和设备的安全。

3. 工程实践训练的内容

工程实践训练分为基础制造技术训练和现代制造技术训练两大类。基础制造技术是指已经发展了几十年甚至几百年的常规制造工艺。现代制造技术是在基础制造技术基础上不断吸收机械、电子、信息通信材料等技术成果而发展起来的，如数控加工技术、精密成形技术、激光加工技术、电加工、超声加工、高压水加工、快速原型制造技术等。工程实践训练的内容因各个学校的情况不同而有所不同，一般包括钳工、铸造、锻造与冲压、焊接、车削加工、装配、数控技术、特种加工等内容。

4．工程实践训练的组织安排

为了确保在有限的时间里完成实习任务，提高实习效率，需安排好各环节，以确保教学质量。

1）教学环节

学生在工程技术中心或实习工厂中是按工种实习的。教学环节有现场演示、实际操作、综合练习和教学实验等。

现场演示多结合具体工艺，可以扩大学生的知识面。

实际操作是实习的主要环节，通过实际操作可使学生对各种加工方法有一个感性认识，初步学会使用有关设备和工具。

综合练习是学生独立分析和解决某个具体的工艺问题，并付诸实施的一种综合性训练。

教学实验以介绍新技术、新工艺为主，可以扩大学生知识面，开阔学生的眼界。

2）实践训练环节

实习前，进行实习动员，讲解实习目的、内容与项目，讲解纪律并进行安全教育。

实习中，实习指导老师按照实训大纲要求进行项目指导，理论讲授与实际操作相结合，以确保教学质量。

实习后，实习指导老师及时批阅报告册，统计学生成绩，并上报有关部门。

5．工程实践训练的成绩评定方法

学生成绩评定是整个实习的重要环节，既是对学生学习效果的检查，也是对教师指导能力的考评。工程实践训练总成绩的评定办法如表 0-1 所示。

表 0-1　总成绩评定表

序号	项目	分值	细　　则	评分要点
1	实践考核成绩	60	完成零件，符合质量要求	得 60 分
			完成零件，基本符合要求	得 40 分
			工件报废	扣 20～60 分
2	安全操作成绩	20	无事故	得 20 分
			较小事故	得 10 分
			导致大事故	严肃处理
3	实习报告成绩	10	完成内容	得 0～10 分
4	考勤	6	能遵守各项规章制度	得 6 分
			迟到或早退 2 次，累计达 10 min	扣 2～6 分
5	文明生产	4	机床干净、场地清洁	得 4 分

6．工程实践训练的相关制度

(1) 严格遵守劳动纪律，不迟到、不早退、不旷课。一般不得请事假，特殊情况可由个人申请，所属部门证明，报工程技术中心批准。因病请假需提供医院证明。

(2) 实习期间要服从指导教师的安排。未经允许不得擅自开动设备，不得串岗、打闹、抽烟，不得看与本课无关的读物。

(3) 实习时要穿合适的工作服(如军训服装、平底鞋)，不得戴围巾、手套进行操作(规定可戴手套的工种除外)，女同学要戴安全帽。

(4) 实习时要认真听老师讲解，仔细观看老师的示范。操作设备时要大胆、心细，认真遵守各类仪器设备的安全操作规程，避免人身、设备事故的发生。

(5) 操作仪器设备时如发生问题，应立即停机，保护现场，并立即报告指导老师；多人共用一台机床时，只能一人操作，严禁两人同时操作，以防止事故发生。

(6) 实习中应注意勤俭节约，降低原材料和低值易耗品的消耗，在保证实习的前提下尽量降低实习成本。

(7) 每天实习完毕，要求做到：

① 整理和清点自己的工件、工具和量具；

② 将仪器设备擦拭干净，周边环境清扫干净；

③ 关好电源和窗户，经老师检查并同意后方可离岗。

7. 工程实践训练的安全规程

实训场地是教学科研的重要场所，场地的安全卫生是实习实验工作正常进行的基本保证。凡进入场地工作、学习的人员，必须遵守以下安全规程：

(1) 实训场地的易燃、易爆等物资及贵重物资器材、大型精密仪器设备等均应指定专人保管，定点定位存放和使用，并按有关规定及时做好使用记录。

(2) 做好实验室的实习实验教学、生产服务的安全工作。按区域、工种将安全责任落实到人，实行"谁主管，谁负责"。场地组织人员定期或不定期地进行安全、消防设施的检查，严禁违章搭电与超载用电等。

(3) 进入场地实习和工作的人员，必须遵守场地有关规章制度；未经场地负责人和设备管理人员同意，不得擅自动用各种设备、设施；实习实验时要服从指导人员的安排，遵守仪器设备安全操作规程。

(4) 场地仪器设备的设置和器材的存放必须遵循安全、整洁、科学、规范、文明、有序的原则。场地应每天打扫，并定期进行大扫除。所有进入场地的人员要爱护室内公共卫生，不得吸烟；学生实习实验结束后应在指导人员的指导下做好实验场所及仪器设备的清洁，并保养好所用的仪器设备，使之处于待用的正常状态。

(5) 各种仪器设备出现故障时应立即进行检修，严禁带故障运行。

(6) 各种仪器设备出现电气故障时，必须由专业人员维修，严禁非专业人员私自处理。

第1章

铸造(Casting)

1.1 概 述(Brief introduction)

铸造(凝固成形)是一种常用的加工方法。将金属材料熔化成液态后浇注入与拟成形的零件形状及尺寸相适应的模型空腔(即铸型)中,待液态金属冷却凝固后将铸型打开(或破坏),取出所形成的铸件毛坯,清理掉由于工艺需要而添加的部分(如浇口、冒口等),即可得到所需的铸件。

铸造的主要工艺过程包括熔炼、模型制造、浇注、落砂、清理等过程。铸造的工艺流程如图1-1所示。

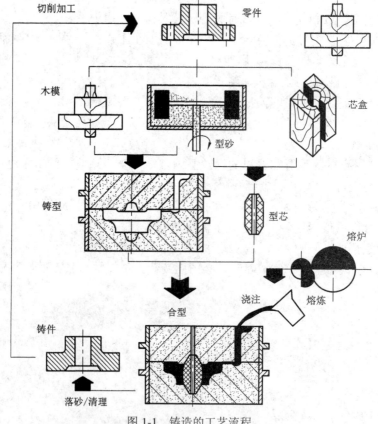

图1-1 铸造的工艺流程

生产中常用的铸造方法有砂型铸造和特种铸造两大类。

1.2　砂型铸造(Sand casting)

1.2.1　造型方法(Modeling method)

按造型的手段不同，砂型铸造的造型方法可分为手工造型和机器造型两大类。

1. 手工造型

手工造型是指全部用手工或手动工具完成的造型工序。手工造型所用的工具如图 1-2 所示。

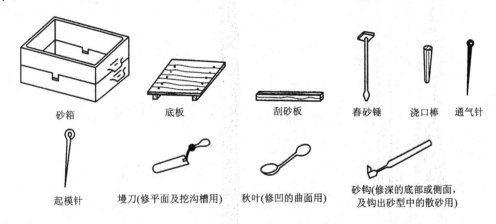

图 1-2　手工造型所用工具

根据砂型特征的不同，手工造型方法可分为两箱造型、三箱造型、脱箱造型、地坑造型和组芯造型等；根据模样特征的不同，手工造型方法可分为整模造型、分模造型、挖砂造型、假箱造型、活块造型和刮板造型等。

1) 整模两箱造型

整模两箱造型的特点是：整模造型的模样是整体结构，最大截面在模样一端且是平面；分型面多为平面；型腔全在一个砂箱里，能避免错箱等缺陷；铸件的形状和尺寸精度较高；模样制造和造型都较简单，多用于最大截面在端部、形状简单的铸件生产。

当零件的最大截面在端部，并选它作为分型面时，将模样做成整体的整模两箱造型过程如图 1-3 所示。

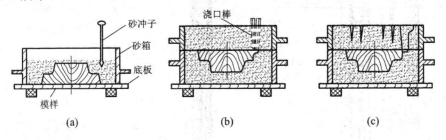

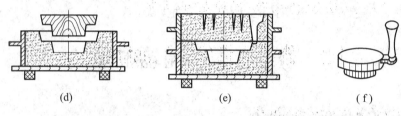

图 1-3　轮坯整模两箱造型过程

(a) 造下砂型；(b) 造上砂型；(c) 开外浇口、扎气孔；(d) 起出模样；(e) 合型；(f) 带浇口的铸件

2) 分模两箱造型

　　有些铸件外形较复杂，若采用整箱造型，就难以从砂型中取出模样，这时可采用分模造型的方法。将模样沿截面最大处分成两半，造型时分别放置于上砂箱和下砂箱内的造型方法，称为分模造型。带有凸缘的管类铸件分模造型的过程如图 1-4 所示。分模两箱造型操作简便，应用广泛，适用于圆柱体类、套类、管类、阀体类等形状较为复杂铸件的铸造。通常，模样的分模面与砂型的分型面一致。为了便于操作，分模之间定位用的定位销或方榫必须设在上半模样上，而销孔或榫孔开在下半模样上。在分模造型时，若砂箱定位不准，夹持不牢，则易产生错箱，影响铸件的精度；铸件沿分型面还会产生披缝，影响铸件表面的质量，清理也费时。

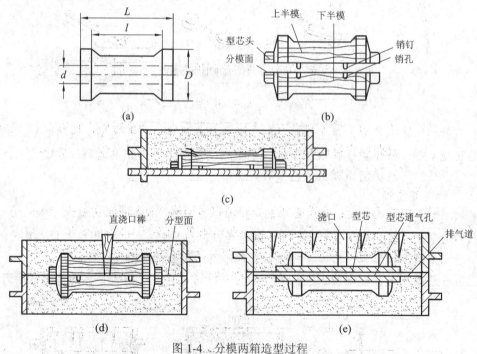

图 1-4　分模两箱造型过程

(a) 铸件图；(b) 模样；(c) 造下型；(d) 造上型；(e) 铸型

3) 挖砂和假箱造型

　　有些铸件需采用分模造型，但由于模样的结构要求或制模工艺等原因，不允许做成分模样，必须做成整体模样。这时，为了使模样能从砂型中起出，要采用挖砂造型。挖砂造型的过程如图 1-5 所示。在挖砂造型中，捣实下箱翻转后，挖去妨碍起模的那一部分型砂，

并向上做成光滑的斜面，即形成凹形分型面，然后再造上砂型。在挖砂造型中，挖砂深度要恰到模样最大截面处，挖割成的分型面要平整光滑，挖割坡度应尽量小，这样上砂型的吊砂就浅，便于开箱和合型操作。

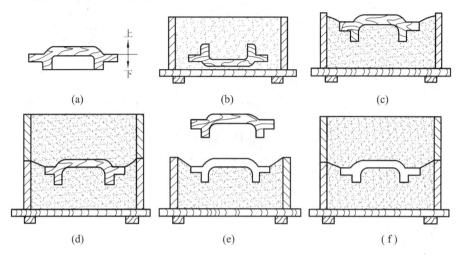

图 1-5　挖砂造型过程

(a) 木模样；(b) 造下砂型；(c) 在下砂型上割分型面；(d) 造上砂型；(e) 开箱起模；(f) 合型

挖砂造型消耗的工时多，对操作者的技术水平要求也较高，当铸件生产量较大时，宜采用假箱造型。

假箱造型的实质是用一个特制的、可多次使用的砂型来代替造型用的成形底板(成形底板的造型类似于模板造型)，使模样的最大截面位于分型面上。假箱造型的过程如图 1-6 所示。在假箱上制作下砂型，模样便能从砂型中顺利起出。对假箱的要求是箱体结实、分型面光滑和定位准确。假箱可用强度较高的型砂制成。假箱造型比挖砂造型节约工时，生产效率高，砂型质量好，易操作，适用于小批量生产。

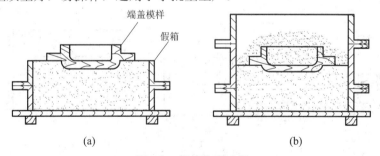

图 1-6　假箱造型过程

(a) 端盖模样放在假箱上；(b) 在假箱上造下砂型

4) 活块造型

当铸件侧面有局部凸起，阻碍起模时，可将此凸起部分(凸台)做成能与模样本体分开的活块。在起模时，先把模样主体起出(见图 1-7(e))，然后再取出活块(见图 1-7(f))，这种方法称为活块造型。活块造型的过程如图 1-7 所示。

活块造型中，凸台厚度应小于该处模样厚度的 1/2，否则活块难以取出。另外，活块造型时必须将活块下面的型砂捣紧，以免起模时该部分型砂塌落，同时要避免撞紧活块，造成起模困难。

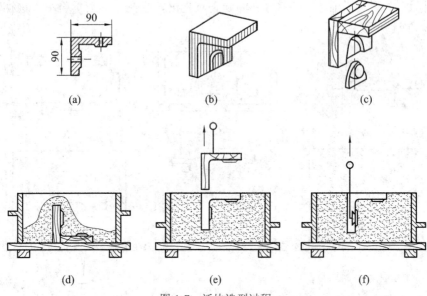

图 1-7　活块造型过程

(a) 零件；(b) 铸件；(c) 模样；(d) 造下砂型；(e) 取出模样主体；(f) 取出活块

5) 实物与刮板造型

在设备维修中，常有急需配件的情况发生，在来不及制造模样，或零件结构简单不必制造模样时，可利用废旧零件代替模样造型。这种用零件作为模样的造型方法称为实物造型。轮形零件的实物造型过程如图 1-8 所示。实物造型与模样造型相比有下列特点：需要用砂芯形成铸件内腔时，在造型前要在零件上配制好型芯；在起模、修型时，应扩出铸件收缩余量和割出机械加工余量；实物造型比模样造型起模困难，对于阻碍起模部分的砂型可采用活砂造型的方法来解决。

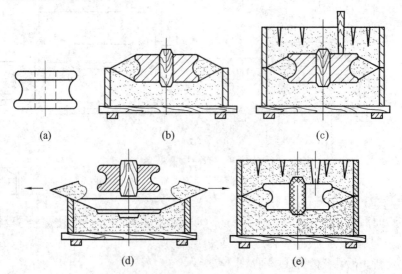

图 1-8　实物造型过程示意图

(a) 槽轮零件；(b) 造下砂型并修整活砂块；(c) 造上砂型；(d) 移活砂块并起模；(e) 铸型

除了采用上述与铸件形状相似的实体模样进行实模造型外，在某些情况下还可用与铸件截面或轮廓形状相似的刮板来代替实体模样刮制出砂型型腔，这种造型方法称为刮板造型。根据刮板在刮制砂型时运动方式的不同，刮板造型有适用于旋转体铸件的绕轴旋转的刮板造型和适用于铸件横截面不变的导向移动的刮板造型两种造型方法。

当旋转体铸件尺寸较大，生产数量较少时，可采用刮板造型。刮板造型的过程如图 1-9 所示。

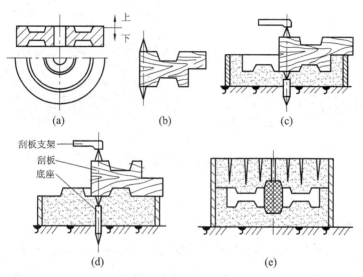

图 1-9　带轮铸件的刮板造型过程

(a) 带轮铸件；(b) 刮板；(c) 刮制下型；(d) 刮制上型；(e) 合型

6) 三箱造型

用三个砂箱制造铸型的过程称为三箱造型。上述各种造型方法都是使用两个砂箱来造型的，两箱造型操作简便，应用广泛。但有些铸件，如两端截面的尺寸大于中间截面时，需要用三个砂箱，从两个方向分别起模。图 1-10 所示为槽轮铸件的三箱造型过程。

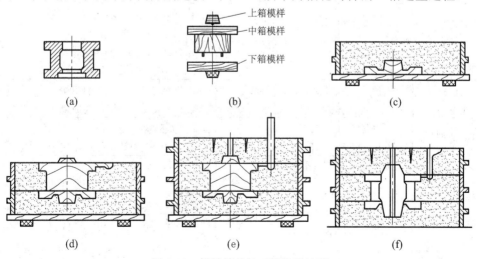

图 1-10　槽轮铸件的三箱造型过程

(a) 铸件；(b) 模样；(c) 造下型；(d) 造中型；(e) 造上型；(f) 合型

7) 地坑造型

在铸造生产中，除了在砂箱内造型以外，还可直接在砂坑内造型，这种造型方法称为地坑造型(见图 1-11)。地坑造型一般在铸件生产数量较少，同时又没有合适的砂箱时采用。尤其在大型铸件单件生产时，采用地坑造型能节省铸造大型砂箱的工时和费用，缩短大型铸件的生产周期。此外，将砂型制在坑内可以降低铸型顶面距地面的高度，使浇注时既安全又方便。

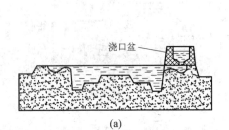
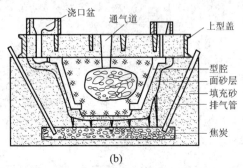

(a)　　　　　　　　　　　　　　(b)

图 1-11　地坑造型

(a) 无箱盖地坑造型；(b) 有箱盖地坑造型

2. 机器造型

机器造型是指用机器全部完成或至少完成紧砂操作的造型工序。采用机器造型生产的铸件尺寸精确、表面质量好、加工余量小，但机器造型需要专用设备，投资较大，适合大批量生产。

常用的机器造型方法有振压造型、压实造型、振击造型、气动微振压实造型、抛砂造型、多触头高压造型、射砂造型和气流冲击造型等。它们的特点及应用范围如表 1-1 所示。

表 1-1　常用的砂型铸造机器造型

类　别	紧砂原理	特点及应用范围
振压造型	先振击，后用较低比压压实型砂	砂型紧实、比较均匀，用于精度要求较高，形状较复杂的中、小铸件的大批量生产
压实造型	靠压头压实型砂	机构简单，噪声小，用于精度要求不高的简单铸件的中、小批生产
振击造型	借机械振击使型砂获得动能，靠惯性紧砂成形	机构简单，振击噪声大，用于精度要求不高的中、小铸件的成批生产
气动微振压实造型	先预振，然后同时微振(高频率小增幅)压实或者先微振后压实	砂型紧实度高，均匀性较好，用于精度要求较高和形状较复杂铸件的成批、大量生产
抛砂造型	靠抛砂头上高速旋转的叶片将砂团抛出，以达到填砂和紧实的目的	砂型(芯)紧实度较高且均匀，适应性较广泛，适用于大、中型铸件的单件或中、小批生产
多触头高压造型	用许多小触头压实型砂，同时还进行微振	砂型紧实，铸件质量好，生产率高，劳动条件好，设备复杂，适用于铸件的大批量生产
射砂造型	用压缩空气射砂紧实，再用压头补压成形	填砂和紧实两道工序一同完成，速度快，铸件质量好，适用于中、小铸件的大批量生产(主要用于型芯)
气流冲击造型	靠具有一定压力的气体瞬时膨胀而产生的冲击波紧砂	砂型紧实度高且均匀，生产率高，铸件质量好，用于精度要求高的复杂铸件的大量生产

1.2.2　金属熔炼设备(Equipments of metal melting)

金属及其合金熔炼的目的是要获得符合一定成分和温度要求的金属液。不同类型的金属，需要采用不同的熔炼方法及设备。常用的熔炼设备有电阻坩埚炉、感应炉和冲天炉。电阻坩埚炉主要用于熔炼铝、铜等有色金属及其合金；感应炉不但可以熔炼有色金属，而且可以进行钢的熔炼；冲天炉主要用来熔炼铸铁。

1．电阻坩埚炉

电阻坩埚炉(见图 1-12)的炉壳由钢板和型钢焊接制成，炉衬采用超轻质节能耐火砖砌筑而成，炉衬与炉壳间放置硅酸铝纤维毡，炉壳与硅酸铝纤维毡之间的间隙填充膨胀蛭石粉。加热元件采用 0Cr25Al5 高电阻合金丝绕成螺旋状，安装在炉膛四周的搁丝砖上。炉顶装有两个可旋转的半圆形炉盖。热电偶从侧面插入炉膛，通过温度控制柜自动控制炉内的温度。

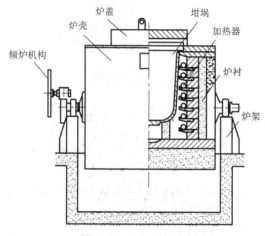

图 1-12　电阻坩埚炉

2．感应炉

感应炉是利用一定频率的交流电通过感应线圈，使炉内的金属炉料产生感应电动势，并形成涡流，由此产生热量而使金属炉料熔化的。感应炉炉体的结构和外观如图 1-13 所示。

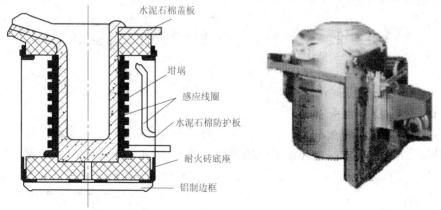

图 1-13　感应炉炉体结构和外观示意图

3. 冲天炉

冲天炉是熔炼铸铁的设备，其结构如图1-14所示。炉身是用钢板弯成的圆筒形，内砌以耐火砖炉衬。炉身上部有加料口、烟囱、火花罩，中部有热风胆，下部有热风带，风带通过风口与炉内相通。从鼓风机送来的空气，通过热风胆加热后经风带进入炉内，供燃烧应用。风口以下为炉缸，熔化的铁液及炉渣从炉缸底部流入前炉。冲天炉的大小是以每小时能熔炼出铁液的重量来表示的，常用的冲天炉的大小为1.5～10吨/小时。

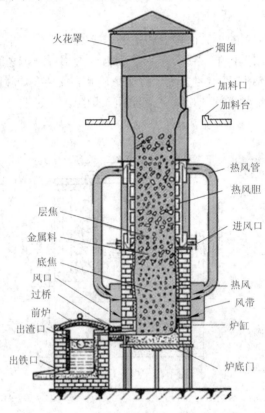

火花罩　烟囱　加料口　加料台　热风管　热风胆　进风口　热风　风带　炉缸　炉底门

层焦　金属料　底焦　风口　过桥　前炉　出渣口　出铁口

图 1-14　冲天炉的结构示意图

1.3　特种铸造(Special casting process)

常用的特种铸造的方法有以下几种。

1. 金属型铸造

金属型铸造(Permanent mould casting)又称硬模铸造，是将液体金属浇入用铸铁、铸钢或耐热钢制造的铸型，在重力作用下充填铸型，以获得铸件的铸造方法。金属型铸造多用于铸造铝活塞、汽缸体、油泵壳体、铜合金轴瓦和轴套等零部件。

2. 压力铸造

压力铸造(Pressure casting)就是在压力作用下，使液态或半液态金属以较高的速度充填金属型型腔，并在压力下成形和凝固而获得铸件的方法。压力铸造常用的压射压力为 5～150 MPa，充填速度为 5～100 m/s，充填时间很短，一般为 0.01～0.2 s。

压力铸造主要由压铸机来实现。压铸机分热压室式和冷压室式两类。

热压室式压铸机目前大多用于压铸锌合金等低熔点的合金铸件，也用于压铸小型铝、镁合金铸件。热压室式压铸机的结构示意图如图 1-15 所示。

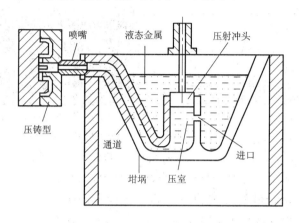

图 1-15　热压室式压铸机的结构示意图

3. 离心铸造

将液态金属浇入高速旋转的铸型，使其在离心力作用下凝固成形的工艺叫离心铸造(见图 1-16)。离心铸造(Centrifugal casting)主要用于铸造盘套类、管类铸件，如铸铁管、铜套、缸套和双金属钢背铜等。

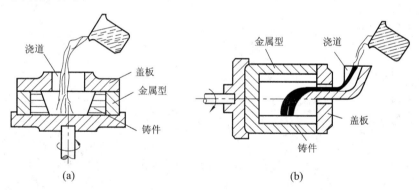

图 1-16　离心铸造机

(a) 立式；(b) 卧式

4. 熔模铸造

熔模铸造(Investment casting)也称为精密铸造或失蜡铸造，是用易熔材料(如蜡料)制成模样，然后在表面涂覆多层耐火材料，待材料硬化干燥后，将蜡模熔去，从而获得具有与蜡模形状相应的空腔的型壳，再经焙烧后进行浇注而获得铸件的一种方法。

熔模铸造的工艺过程包括压型、蜡模制造、结壳、脱蜡、造型和浇注等，如图 1-17 所示。

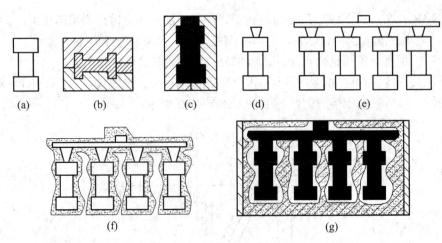

图 1-17 熔模铸造工艺过程

(a) 母模；(b) 压型；(c) 制蜡模；(d) 蜡模；(e) 蜡模组；(f) 结壳和脱蜡；(g) 造型和浇注

思考与练习(Thinking and exercise)

1. 分析各种砂型铸造方法的特点和应用范围。
2. 常见的特种铸造方法有哪几种。

第 2 章

锻压(Forging)

锻压是对金属坯料施加外力，使其产生塑性变形，从而既改变形状、尺寸，又改善力学性能，用以制造零件或毛坯的一种成形加工方法，是锻造和冲压的总称。

锻压包括自由锻、模锻和冲压三种生产方式，如图 2-1 所示。

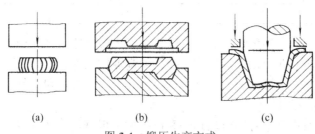

图 2-1　锻压生产方式

(a) 自由锻；(b) 模锻；(c) 冲压

自由锻和模锻以型材或钢锭为坯料，锻造前坯料需要加热。冲压则以薄板为坯料，在室温下进行。

由于金属材料经锻造后其力学性能得到了提高，因此承受重载荷和复杂载荷的机器零件一般采用锻造制成毛坯，再经机械加工的方法制造而成。

2.1　自由锻(Free forging)

2.1.1　自由锻的基本知识(Basic knowledge of free forging)

自由锻是利用冲击力或压力，使金属坯料在两个砧块之间产生塑性变形，从而得到所需锻件的锻造方法。

自由锻分为手工自由锻和机器自由锻。手工自由锻用的是手工工具，只能生产小的锻件。机器自由锻则利用锻锤或水压机等设备，是自由锻的主要生产方法。

1. 金属的加热

锻造前金属要加热，目的是提高金属的塑性，降低变形抗力，使锻造时省力并防止开裂。

锻造过程是在一定的温度范围内进行的，允许加热到的最高温度称为始锻温度。始锻温度过高就会产生过热和过烧两种缺陷。过烧时，晶粒边界发生氧化，会破坏晶粒之间的联系，使金属完全失去塑性，一锻即碎；过热则使晶粒变得粗大，降低材料的力学性能。碳钢的始锻温度随着含碳量的增加而降低。

锻造过程中，锻件温度逐渐下降，当下降到一定温度时，就应停止锻造，重新加热后再锻，否则，不但变形困难，而且容易开裂。停止锻造的温度称为终锻温度。几种常用材料的锻造温度范围如表 2-1 所示。

表 2-1　常用材料的锻造温度范围

材料名称		始锻温度/℃	终锻温度/℃
碳素钢	含碳 0.3%以下	1250～1200	800
	含碳 0.3%～0.5%	1200	800
	含碳 0.5%～0.9%	1150	800
	含碳 0.9%～1.5%	1100	770
合金钢	20Cr，40Cr	1200	800
	1Cr18Ni9Ti	1180	850
紫铜		950	800
纯铝及硬铝		470	380

锻造时，应尽量减少加热的次数，以减少因氧化而造成的金属损失。

经锻造加工后的锻件应缓慢冷却到室温。冷却速度过快会引起变形、开裂或表面过硬而不易切削加工等缺陷，特别是合金钢锻件最为显著。为此，可将锻件埋在砂、石灰或炉渣中冷却，或随炉冷却。

锻造中常用的加热设备有燃料加热炉和电阻炉。根据所用燃料的不同，燃料加热炉可分为煤炉、油炉和煤气炉等。

2．空气锤

空气锤是锻造中、小型锻件的常用设备，如图 2-2 所示。它有两个平行的气缸，即压缩缸和工作缸。压缩缸中的活塞由电动机经曲柄连杆机构带动作上、下往复运动，使活塞上部及下部的空气分别受到压缩。压缩空气经上、下转阀交替进入工作缸的上部及下部，从而推动工作缸内的活塞，使活塞、锤头和上砧一起上、下运动。活塞、锤头和上砧合称为落下部分。

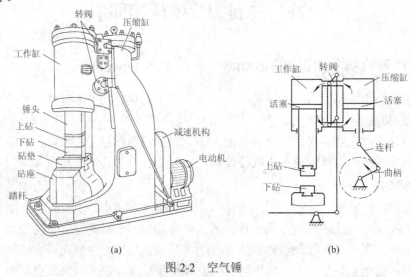

(a)　　　　　　　　　　(b)

图 2-2　空气锤

(a) 外形；(b) 工作原理

通过操纵踏杆或手柄控制上、下转阀，可实现锤头的轻打、重打、连续打击、悬空等动作，以满足锻造工艺的要求。

空气锤的大小以落下部分的质量表示，常用的规格为 40～750 kg。

3. 自由锻的工具

自由锻的工具按其功用可分为支持工具、打击工具、衬垫工具、夹持工具和测量工具等。

2.1.2　自由锻的基本操作工序(Basic operation process of free forging)

自由锻的基本操作工序主要有：镦粗、拔长、冲孔、弯曲和切断等。

1. 镦粗

镦粗是使坯料的高度减小、横截面增大的操作，可用于锻造齿轮、法兰盘等盘形工件，也可作为冲孔前的准备工作，以减小冲孔深度。

镦粗分为全部镦粗和局部镦粗两种形式。手工锻造的镦粗方法如图 2-3 所示。

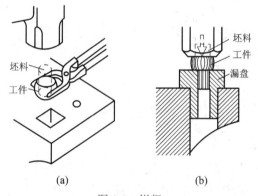

图 2-3　镦粗

(a) 全部镦粗；(b) 局部镦粗

镦粗应注意以下几点：

(1) 坯料不能太长，镦粗部分的高度与直径之比(称为高径比)应小于 2.5，否则容易镦弯，如图 2-4 所示。

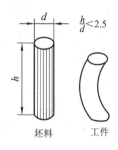

图 2-4　镦弯

(2) 镦粗力要足够大，如锤击力不足，会使坯料被镦成细腰形，如图 2-5(a)所示。若不及时纠正，继续镦粗，则会产生夹层，如图 2-5(b)所示。

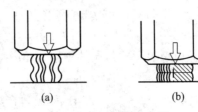

图 2-5 细腰形和夹层

(a) 细腰形；(b) 夹层

2. 拔长

拔长是使坯料截面减小，长度增加的操作，如图 2-6(a)所示，用于锻造轴类和杆类锻件。如果是锻造空心轴、套筒等锻件，坯料需先镦粗、冲孔，再套上心轴进行拔长，称为心轴拔长，如图 2-6(b)所示。

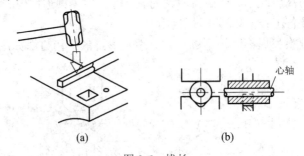

图 2-6 拔长

(a) 拔长；(b) 心轴拔长

拔长时应注意以下几点：

(1) 拔长时工件应不断地翻转，一般是先打完一面再翻转 90° 锻打另一面。每次压下量不能太大，应保持工件的宽度与厚度之比 B/H(称为宽厚比)不超过 2.5，否则工件锻得太扁，再翻转锻打时将会产生夹层，如图 2-7 所示。

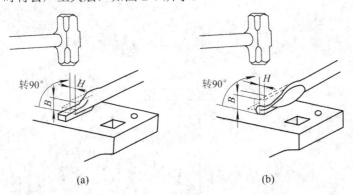

图 2-7 拔长时工件的宽厚比

(a) $\dfrac{B}{H} \leqslant 2.5$ 可拔长；(b) $\dfrac{B}{H} > 2.5$ 产生夹层

(2) 拔长时每次的送进量不应太大，否则，金属将主要沿横向流动，而沿轴向流动的金属将减少，从而降低拔长效率。

(3) 对圆形截面的坯料进行拔长时，应先将坯料锻成方形截面，直至方形的边长接近所要求的直径后，再锻成八角形，最后经倒棱滚圆，如图 2-8 所示。这样拔长的效率较高，又能避免引起中心裂纹。

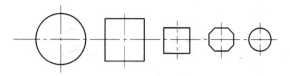

图 2-8　圆形截面的拔长

(4) 局部拔长时，必须先压肩，以获得平整的过渡部分，如图 2-9 所示。

(5) 拔长后，由于锻件表面不平整，还必须修光。平面修光用平锤，圆柱面修光用型锤或摔子，如图 2-10 所示。

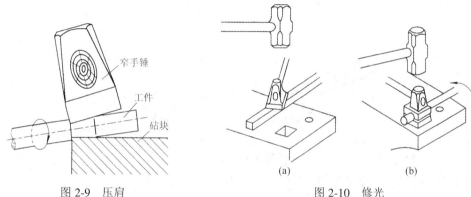

图 2-9　压肩　　　　　　　　　图 2-10　修光

(a) 平面的修整；(b) 圆柱面的修整

3．冲孔

冲孔是在坯料上锻出通孔或不通孔的操作，用于锻造齿轮、圆环、套筒、空心轴等锻件。冲通孔的步骤如图 2-11 所示。

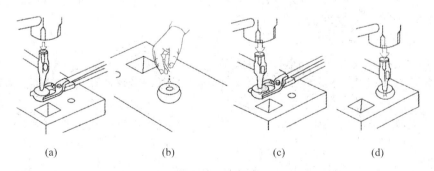

图 2-11　冲通孔

(a) 放正冲子，试冲；(b) 冲浅孔，撒煤粉；

(c) 冲至孔深为工件厚度的 2/3；(d) 翻转工件在砧块圆孔上冲通

冲孔时，冲子头部要不断蘸水冷却，以免受热变软。机器锻造时，直径小于 $\phi 25$ mm 的孔一般不冲。

4．弯曲

弯曲是将坯料锻弯成所需形状的操作，用于锻造吊钩、吊环、链环等工件。手工锻弯钩环的步骤如图 2-12 所示。

图 2-12　弯曲

5．切断

切断用于下料，切除料头和多余的金属等。手工切断棒料的步骤如图 2-13 所示。

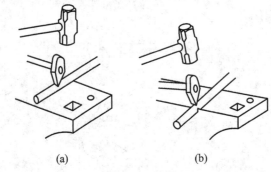

(a)　　　　　　　　　　(b)

图 2-13　切断

(a) 先将工件錾一深槽；(b) 将工件转 180°，移到砧块边缘錾断

2.2　模锻(Die forging)

模锻是在模锻设备上，利用高强度锻模，使金属坯料在具有一定形状和尺寸的模腔内受冲击力或静压力产生塑性变形的锻造方法。模锻时坯料在模腔中被迫塑性流动变形，从而获得比自由锻质量更高的锻件。

与自由锻相比，模锻具有以下优点：

(1) 可锻造形状较为复杂的锻件，金属锻造流线分布更为合理，提高零件的使用寿命。

(2) 生产效率较高。模锻时，金属是在模腔内变形，能较快获得所需形状的锻件，生产过程易于实现自动化。

(3) 模锻件的尺寸较精确，表面质量较好，材料利用率高，加工余量较小，可达到少或无切削的目的。

(4) 在批量足够的条件下，能降低零件成本。

(5) 模锻操作简单，劳动强度低。

但模锻生产受模锻设备吨位限制，模锻件的质量一般在 150 kg 以下。而且模锻设备投资较大，模具费用较高，生产工艺灵活性较差，生产准备周期较长。模锻主要用于大批量生产、形状比较复杂、精度要求较高的中小型锻件。目前，在飞机、汽车、拖拉机等国防工业和机械制造业中模锻件数量很大，约占这些行业锻件总质量的 90% 以上。

根据模锻设备的不同，模锻可分为锤上模锻和压力机上模锻。

1. 锤上模锻

锤上模锻使用的设备有蒸汽－空气模锻锤、无砧座锤、高速锤等。一般工业上主要使用蒸汽－空气模锻锤，其工作原理与蒸汽－空气自由锻锤基本相同，但由于模锻时受力大，要求设备的刚性好，导向精度高，以保证上下模对准。模锻锤的机架与砧座直接连接，形成封闭结构，锤头与导轨之间间隙小，模锻锤吨位为 1～16 t，砧座较重，约为落下部分质量的 20～25 倍。锤上模锻与其他模锻设备相比，具有工艺适应性好，可锻造各种类型的模锻件，生产效率高，设备造价较低等优点。锤上模锻在国内外锻造行业仍占据重要地位。

锤上模锻所用的锻模分上模和下模，分别固定在模锻锤的锤头和砧座上。锻模按其结构可分为单模膛锻模和多模膛锻模两种。

1) 单模膛锻模

单模膛锻模由开有模镗的上、下模两部分组成，仅有一个成形的模膛。模锻时把加热好的金属坯料放进紧固在模座上的下模的模膛中，开启模锻锤，锤头带动紧固于其上的上模锤击坯料，使其充满模膛而形成锻件，如图 2-14 所示。

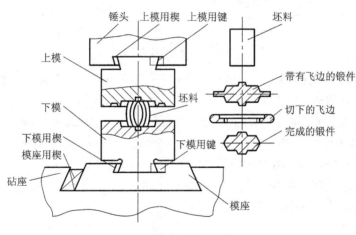

图 2-14　单模膛锻模

2) 多模膛锻模

多模膛锻模具有两个以上模膛的锻模。模膛根据功用不同可分为制坯模膛和模锻模膛。制坯模膛分为拔长、滚压、弯曲、切断等模膛；模锻模膛分为预锻模膛和终锻模膛。终锻模膛位于锻模中心，其他模膛分布于两侧。适合于形状较复杂的锻件。

用多模膛锻模来锻造弯曲连杆的工序：坯料经拔长、滚压、弯曲三个模膛制坯，然后经预锻和终锻模膛制成带有飞边的锻件，再在切边模上切除飞边即得合格锻件，如图 2-15 所示。

2. 压力机上模锻

压力机上模锻是指在摩擦压力机、曲柄压力机和平锻机等设备上进行的模锻。一般，摩擦压力机上模锻适合中、小型锻件的中、小批生产；另外，摩擦压力机承受偏心载荷能力差，通常只适用于单模膛锻模的模锻。曲柄压力机上模锻适合大批大量生产。平锻机上模锻适合带头部的杆类和有孔的锻件，也可锻造曲柄压力机上不能模锻的锻件。

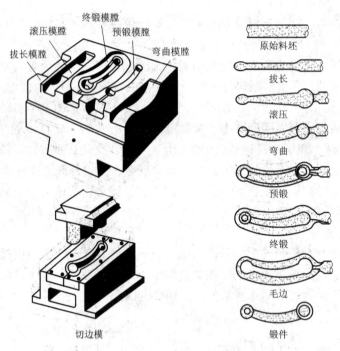

图 2-15　弯曲连杆用多模膛锻模(下模)与模锻工序

　　压力机上模锻在中小型工厂具有一定的优越性，应用较广。首先，它结构简单、造价低、振动小、没有砧座，因而大大减少了设备投资，劳动条件较好。其次，适应性好，成形的锻压力可自由调节，因而可实现轻打、重打，可在一个模膛内进行多次锻打。不仅能满足模锻各种主要成形工序的要求，还可以进行弯曲、热压、切飞边、精压、校正等工序。再次，它的生产效率比自由锻和胎模锻高得多，锻件的质量也比较好。

　　由于模锻锤存在着震动大、噪声大、劳动条件差、蒸汽效率低、能源消耗多等的缺点，因此，大吨位模锻锤有逐步被压力机取代的趋势。

2.3　冲压(Stamping)

　　冲压是将板料置于冲模内，进行分离或成形的加工方法。它通常是在室温下进行的，故又称为冷冲压。

　　冲压除了用于制造金属材料(最常用的是低碳钢，铜、铝及其合金)的冲压件以外，还用于许多非金属材料(如胶木、云母、石棉和皮革等)的加工。

　　冲压件的质量轻、强度高、刚性好、精度高、表面光洁，一般不需要进行切削加工就可装配使用；冲压工作也容易实现机械化和自动化，生产率很高，因此应用很广泛。

2.3.1　冲床(Punch)

　　冲床是冲压的基本设备，其构造和工作原理如图 2-16 所示。

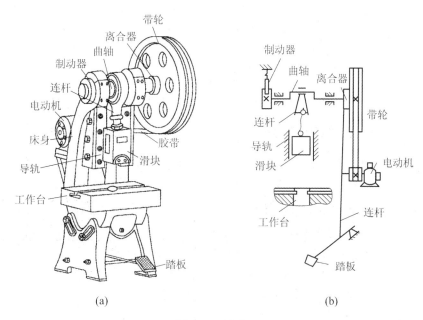

(a)   (b)

图 2-16　冲床

(a) 构造图；(b) 工作原理

冲床的大小是以滑块在特定位置时，偏心轴所能承受的最大压力(kN)来表示的。单柱冲床的大小为 63～2000 kN。

2.3.2　冲模(Stamping die)

冲模是冲压的工具，其结构如图 2-17 所示。

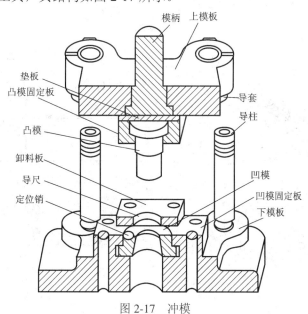

图 2-17　冲模

冲模由上模和下模两部分组成。上模借助于模柄固定在冲床滑块上，随滑块上、下运动，下模则固定在工作台上。

凸模和凹模为冲模的工作部分，直接使坯料分离或成形。它们分别通过凸模固定板和凹模固定板固定在上、下模板上。

导套和导柱用来引导凸模与凹模对准；导尺控制着坯料的进给方向；定位销控制坯料的进给长度；卸料板的作用是当上模回程时，将坯料从凸模上卸下。

2.3.3 冲压的基本工序(Basic operation process of stamping)

冲压的工序主要有：落料、冲孔、弯曲和拉深等。

1. 落料和冲孔

落料和冲孔是使板料分离的工序。落料和冲孔的过程完全一样，只是用途不同。落料时，被分离的部分是成品，四周是废料；冲孔则是为了获得孔，被分离的部分是废料。落料和冲孔统称为冲裁(见图2-18)，所用冲模称为冲裁模。

冲裁模的凸模与凹模刃口必须锋利，凸模与凹模之间要有合适的间隙，一般单边间隙为材料厚度的5%～10%。如果间隙的大小不合适，则孔的边缘或落料件的边缘会带有毛刺，且引起冲裁断面的质量下降。

2. 弯曲和拉深

弯曲是用以获得各种不同形状弯角的工序，如图2-19所示。弯曲模的凸模工作部分应做成一定的圆角，以防止工件外表面拉裂。

拉深是将板料加工成空心筒状或盒状零件的工序，如图2-20所示。拉深所用的坯料通常由落料获得。

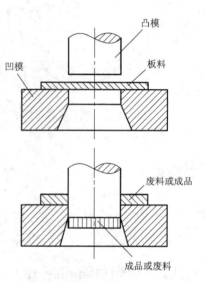

图 2-18 冲裁

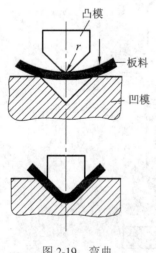

图 2-19 弯曲

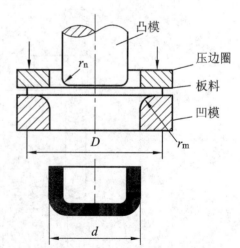

图 2-20 拉深

拉深模的凸模和凹模边缘必须是圆角。凸模与凹模之间应有比板料厚度略大的间隙。为了防止皱褶，坯料的边缘常用压边圈压住后，再进行拉深。

思考与练习(Thinking and exercise)

1. 金属塑性加工的基本方法有哪几种？什么是锻压？

2. 锻造前，金属坯料加热的目的是什么？什么是始锻温度？什么是终锻温度？

3. 锻件的冷却方式有哪些？分别适用于什么材料锻件的冷却？

4. 什么是自由锻？自由锻的基本工序有哪些？

5. 什么是模锻？与自由锻相比，模锻具有哪些优点？

第 3 章

焊接(Welding)

3.1 概 述(Brief introduction)

焊接是通过加热或加压，或两者并用，使工件达到原子结合的一种加工方法。焊接不仅可以使金属材料永久地连接起来，而且可以使某些非金属材料(如玻璃、塑料等)永久连接。

焊接的种类很多。按焊接过程的工艺特点和母材金属所处的表面状态，通常把焊接方法分为熔焊、压焊和钎焊三大类。常用的焊接方法如图 3-1 所示。

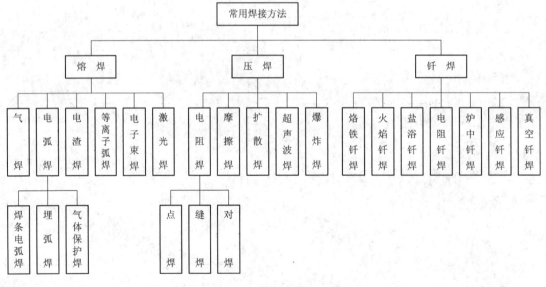

图 3-1 常用的焊接方法

3.2 电 弧 焊(Arc welding)

电弧焊包括焊条电弧焊、埋弧焊和气体保护焊，它是利用电弧产生的热量使工件接合处的金属呈熔化状态，互相融合，冷凝后结合在一起的一种焊接方法。这种方法的电源可以用直流电，也可以用交流电，所需设备简单，操作灵活，是生产中使用最广泛的一种焊接方法。

3.2.1　电弧焊原理与焊接过程(Principle and process of arc welding)

1. 焊接电弧的原理

焊接电弧是在具有一定电压的两电极间，在局部气体介质中产生的强烈而持久的放电现象。产生电弧的电极可以是焊丝、焊条或钨棒以及工件等。焊接电弧的原理如图 3-2 所示。

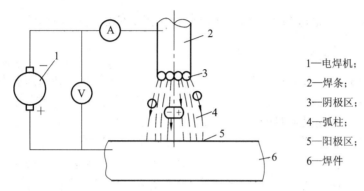

1—电焊机；
2—焊条；
3—阴极区；
4—弧柱；
5—阳极区；
6—焊件

图 3-2　焊接电弧原理图

使用直流弧焊电源，当工件厚度较大，要求较大热量、迅速熔化时，宜将工件接电源正极，焊条接负极，这种接法称为正接法；当要求熔深较小，焊接薄钢板及非铁金属时，宜采用反接法，即将焊条接正极，工件接负极，如图 3-3 所示。

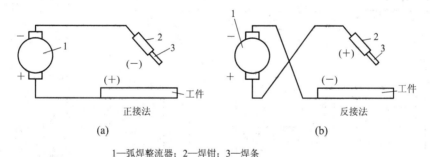

正接法　　　　　　　　　　　　　反接法

(a)　　　　　　　　　　　　　　　(b)

1—弧焊整流器；2—焊钳；3—焊条

图 3-3　直流电源的正接与反接

(a) 正接法；(b) 反接法

2. 电弧焊焊接过程

焊条(或焊丝)与工件之间是有电压的，当它们相互接触时，相当于电弧焊电源短接。由于接触点很小，短路电流很大，因此产生了大量电阻热，使金属熔化，甚至蒸发、汽化。这时，稍微拉开焊条(或焊丝)与工件(3～4 mm)，则由于电源电压的作用，在焊条与工件之间会形成很强的电场，从而产生电子发射现象；同时，加速气体的电离，使带电粒子在电场作用下向两极运动。电弧焊电源不断地供给电能，新的带电粒子不断地得到补充，形成连续燃烧的电弧。

当电弧向前移动时，工件和焊条(焊丝)不断熔化汇成新的熔池，原来的熔池则不断冷却凝固，从而构成了连续的焊缝。焊条电弧焊的焊缝形成过程如图 3-4 所示。

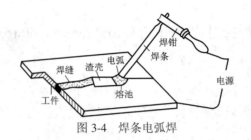

图 3-4 焊条电弧焊

3.2.2 焊接接头与焊接位置(Welded joint and welding position)

1. 焊接接头的形式

常见的焊接接头的形式有对接接头、角接接头、T 形接头及搭接接头四种，如图 3-5 所示。选择焊接接头的形式，主要应从产品结构、受力条件及加工成本等方面考虑。对接接头受力比较均匀，是最常见的接头形式，重要的受力焊缝应尽量选用此种接头形式。搭接接头因工件的两部分不在同一平面，受力时将产生附加弯矩，而且金属消耗量也大，一般应避免采用。搭接接头不需要开坡口，装配时尺寸要求不高，对某些受力不大的平面连接与空间构架，采用搭接接头可节省工时。角接接头与 T 形接头受力情况都较对接接头复杂，但当接头呈直角或一定角度连接时，必须采用这种接头形式。

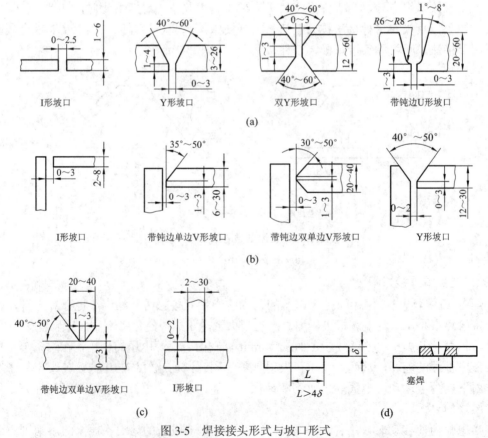

图 3-5 焊接接头形式与坡口形式

(a) 对接接头；(b) 角接接头；(c) T 形接头；(d) 搭接接头

2. 坡口的形式

对厚度在 6 mm 以下的工件进行焊接时，一般可不开坡口直接焊成，即采用 I 形坡口。但当工件的厚度大于 6 mm 时，为了保证焊透，接头处应根据工件厚度预制出各种形式的坡口。

常用的坡口形式及角度如图 3-5 所示。Y 形坡口和 U 形坡口用于单面焊，其焊接性能较好，但焊后角变形较大，焊条消耗量也较大。双 Y 形坡口双面施焊，受热均匀，变形较小，焊条消耗量也较小，但有时受结构形状的限制。U 形坡口根部较宽，允许焊条深入，容易焊透，但因坡口形状复杂，一般只在重要的受动载的厚板结构中采用。双单边 V 形坡口(K 形坡口)主要用于 T 形接头和角接接头的焊接结构中。

3. 焊接位置

在实际生产中，一条焊缝可以在空间不同的位置施焊。按焊缝在空间所处位置的不同，可将焊接分为平焊、立焊、横焊和仰焊四种，如图 3-6 所示。平焊操作方便，劳动条件好，生产率高，焊缝质量容易保证，是最合适的焊接位置；立焊位置、横焊位置次之；仰焊位置最差。

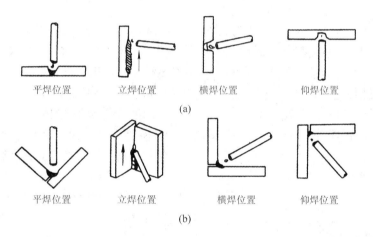

图 3-6 焊缝的空间位置

(a) 对接；(b) 角接

3.2.3 焊条电弧焊(Shielded metal arc welding)

焊条电弧焊通常也称为手弧焊或手工电弧焊。它是用手工操纵焊条进行焊接的电弧焊方法，是目前最常用的焊接方法之一。

1. 焊条电弧焊的设备与工具

1) 弧焊电源

手弧焊所使用的弧焊电源有交流和直流两类。

(1) 交流弧焊电源。交流弧焊电源是一种特殊的降压变压器，也称弧焊变压器。交流弧焊机(弧焊变压器)如图 3-7 所示。交流弧焊机具有以下特性：引弧后，随着电流的增加，电压急剧下降；而当焊条与工件短路时，短路电流并不大。它能提供很大的焊接电流，并可根据需要进行调节。空载时，交流弧焊机的电压为 60～70 V；当电弧稳定时，电压会下降到正常的工作电压范围内，即 20～30 V。

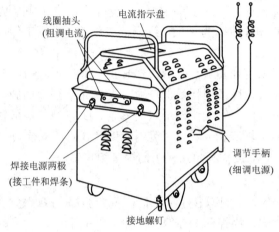

图 3-7　交流弧焊机

弧焊变压器的焊接电流调节分粗调和细调两种。粗调是通过改变线圈的抽头接法来调节的；细调是通过转动调节手柄来实现的。

弧焊变压器具有结构简单、制造和维修方便、噪声小、价格低等优点，应用相当普遍。但它的缺点是电弧不够稳定。弧焊变压器有各种型号，例如：BX1-160、BX3-500 等。其中，1 和 3 分别代表动铁芯式和动圈式，160 和 500 为弧焊机的额定电流。

(2) 直流弧焊电源。直流弧焊机分为弧焊发电机和弧焊整流器两种。

① 弧焊发电机实际上是一种直流发电机，在电动机或柴油机的驱动下，直接发出焊接所需的直流电。弧焊发电机结构复杂、效率低、能耗高、噪声大，目前已逐渐被淘汰。

② 弧焊整流器是一种通过整流元件(如硅整流器或晶闸管桥等)将交流电变为直流电的弧焊电源。弧焊整流器具有结构简单、坚固耐用、工作可靠、噪声小、维修方便和效率高等优点，已被大量应用。常用的弧焊整流器的型号有 ZX3-160、ZX5-250 等。其中，3 和 5 分别代表动圈式和晶闸管式，160 和 250 为额定电流的安培数。

2) 手弧焊工具

手弧焊工具主要有焊钳、护目玻璃和面罩等。焊钳用来夹紧焊条和传导电流；护目玻璃用来保护眼睛，避免强光及有害紫外线的损害。辅助工具有尖头锤、钢丝刷、代号钢印等。

2. 焊条

手弧焊使用的焊条由焊芯和药皮两部分组成，如图 3-8 所示。焊芯是一根金属棒，既作为焊接电极，又作为填充焊缝的金属。药皮用于保证焊接顺利进行，并使焊缝具有一定的化学成分和力学性能。

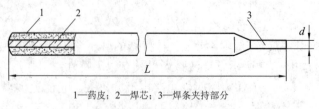

1—药皮；2—焊芯；3—焊条夹持部分

图 3-8　焊条结构

(1) 焊芯。焊芯是组成焊缝金属的主要材料，它的化学成分和非金属夹杂物的多少将直接影响焊缝的质量。焊芯的直径称为焊条直径，最小为 1.6 mm，最大为 8 mm。常用焊条的直径和长度规格如表 3-1 所示。

表 3-1　常用焊条的直径和长度规格

焊条直径/mm	2.0～2.5	3.2～4.0	5.0～5.8
焊条长度/mm	250～300	350～400	400～450

(2) 药皮。焊芯的外部涂有药皮，它是由矿物质、有机物、铁合金等的粉末和水玻璃(黏结剂)按一定比例配制而成的，作用是便于引弧及稳定电弧，保护熔池内的金属不被氧化及弥补被烧损的合金元素，以提高焊缝的力学性能。药皮粘涂在焊芯上经烘干后使用。

(3) 焊条的型号。碳钢焊条型号见 GB 5117—85，其型号是在英文字母 E 的后面加四位数字来表示的，如 E4303、E5015、E5016 等。"E"表示焊条；前两位数字表示熔敷金属抗拉强度的最小值，单位为 kgf / mm^2；第三位数字表示焊条的焊接位置，如"0"及"1"表示焊条适用于全位置焊接，"2"表示焊条适用于平焊；第三位和第四位数字组合时，表示焊接电流的种类及药皮的类型，如"03"为钛钙型药皮，交流或直流正、反接，"15"为低氢钠型药皮，直流反接。

3．焊接工艺

为了获得质量优良的焊接接头，必须选择合理的焊接工艺参数。手弧焊的工艺参数包括焊条直径、焊接电流、焊接速度和电弧长度等。

(1) 焊条直径。焊条直径主要取决于工件的厚度。影响焊条直径的其他因素还有接头形式、焊接位置和焊接层数等。平焊对接时，焊条直径的选择如表 3-2 所示。

表 3-2　平焊对接时焊条直径的选择

工件厚度/mm	<4	4～12	>12
焊条直径/mm	2～3.2	3.2～4	>4

(2) 焊接电流。应根据焊条的直径来选择焊接电流。在焊接低碳钢时，焊接电流和焊条直径的关系可由下面的经验公式确定：

$$I = (30 \sim 55)d$$

式中：I——焊接电流(A)；

d——焊条直径(mm)。

(3) 焊接速度。焊接速度指焊条沿焊接方向移动的速度，它直接关系到焊接的生产率。为了获得最大的焊接速度，应该在保证焊接质量的前提下，采用较大的焊条直径和焊接电流。初学者要注意避免焊接速度过快。

(4) 电弧长度。电弧长度指焊芯端部与熔池之间的距离。电弧长度过长时，燃烧不稳定，熔深减小，并且容易产生缺陷。因此，操作时须采用短电弧，一般要求电弧长度不超过焊条直径。

4．手弧焊操作技术

1) 引弧

手弧焊常用的引燃电弧的方法有两种，如图 3-9 所示。

(1) 敲击法。敲击法不会损坏工件表面，是生产中常用的引弧方法，但是引弧的成功率较低。

(2) 摩擦法。摩擦法操作方便,引弧效率高,但是容易损坏工件表面,故较少采用。

引弧时,若发生焊条与工件粘在一起的现象,可将焊条左右摇动后拉开。焊条的端部如存有药皮,会妨碍导电,所以在引弧前应将其敲去。

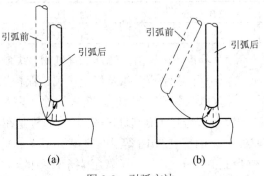

图 3-9 引弧方法

(a) 敲击法; (b) 摩擦法

2) 焊条角度与运条方法

焊接操作中,必须掌握好焊条的角度和运条的基本动作,如图 3-10 和图 3-11 所示。运条时,焊条有如图 3-11 所示的 1、2、3 共三个基本运动,这三个动作可组成各种形式的运条方法,如图 3-12 所示。实际操作时,可不限于这些图形,根据熔池的形状和大小灵活地调整运条动作。焊薄板时,焊条可做直线移动;焊厚板时,焊条除做直线移动外,同时还要有横向移动,以保证得到一定的熔宽和熔深。

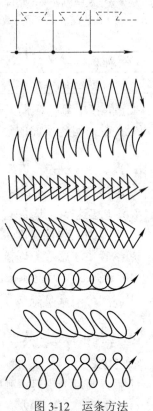

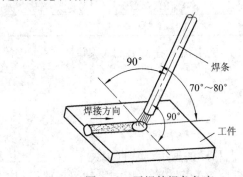

图 3-10 平焊的焊条角度

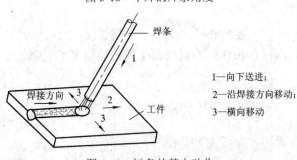

1—向下送进;
2—沿焊接方向移动;
3—横向移动

图 3-11 运条的基本动作

图 3-12 运条方法

3) 焊缝的收尾

焊缝收尾时，焊缝末尾的弧坑应当填满。通常是将焊条压近弧坑，在其上方停留片刻，将弧坑填满后，再逐渐抬高电弧，使熔池逐渐缩小，最后拉断电弧。其他常见的收尾方法如图 3-13 所示。

(1) 划圈收尾法：利用手腕动作做圆周运动，直到弧坑填满后再拉断电弧。

(2) 反复断弧收尾法：在弧坑处连续反复地熄弧和引弧，直到填满弧坑为止。

(3) 回焊收尾法：当焊条移到收尾处时即停止移动，但不熄弧，仅适当地改变焊条的角度，待弧坑填满后，再拉断电弧。

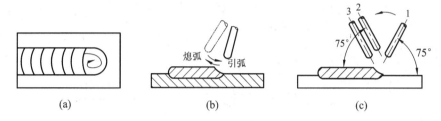

图 3-13　焊缝收尾法

(a) 划圈收尾法；(b) 反复断弧收尾法；(c) 回焊收尾法

3.2.4　其他电弧焊方法(Other arc welding methods)

1. CO_2 气体保护焊

CO_2 气体保护焊是以 CO_2 为保护气体的一种电弧焊方法。它用可熔化的焊丝作电极，以自动或半自动方式进行焊接。目前，以半自动焊接应用较多。

CO_2 气体保护焊的设备如图 3-14 所示。它主要由焊接电源、焊枪、送丝机构、供气系统和控制电路等部分组成。

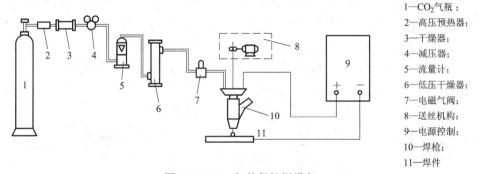

1—CO_2气瓶；
2—高压预热器；
3—干燥器；
4—减压器；
5—流量计；
6—低压干燥器；
7—电磁气阀；
8—送丝机构；
9—电源控制；
10—焊枪；
11—焊件

图 3-14　CO_2 气体保护焊设备

与其他焊接方式相比，CO_2 气体保护焊有以下的优点：在 CO_2 气体的保护下，电弧的穿透力强，熔深大，焊丝的熔化率高，所以其生产率比手工电弧焊高 1～3 倍；同时，CO_2 气体来源广、价格低、能耗少，故焊接成本低。CO_2 气体保护焊是明弧焊，操作中可以清楚地看到焊接过程，如同焊条电弧焊一样灵活，适合于各种位置的焊接。目前，CO_2 气体保护焊已广泛应用于造船、汽车、农业机械等生产部门，主要用于焊接 30 mm 以下厚度的低碳钢和部分低合金结构钢工件。CO_2 气体保护焊的缺点是 CO_2 具有氧化作用，并且熔滴飞溅较为严重,因此,焊接成形不够光滑。另外,CO_2 气体保护焊的焊接设备比手弧焊机复杂,维修不便。

2. 氩弧焊

氩弧焊是用惰性气体氩气作为保护气体的一种电弧焊方法,它可分为熔化极氩弧焊和非熔化极氩弧焊两种。

非熔化极氩弧焊用钨-铜合金棒作电极,又称钨极氩弧焊,如图 3-15 所示。在钨极氩弧焊中,电极不熔化,需另外用焊丝作填充金属。钨极氩弧焊的焊接过程稳定。由于氩气的保护效果好,氩气不与任何金属反应,因此钨极氩弧焊更适合于易氧化金属、不锈钢、高温合金、钛及钛合金以及难熔金属(如银、铌、锆等)材料的焊接。

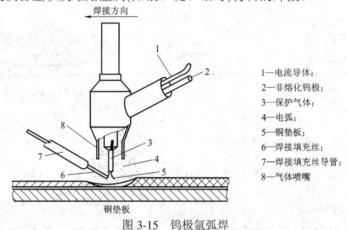

1—电流导体;
2—非熔化钨极;
3—保护气体;
4—电弧;
5—铜垫板;
6—焊接填充丝;
7—焊接填充丝导管;
8—气体喷嘴

图 3-15 钨极氩弧焊

钨极氩弧焊的设备配置主要有焊接电源、焊枪、供气系统、焊接控制装置等部分。当冷却不充分而需要水冷时,还可配置供水系统。氩弧焊机按电源性质的不同,有直流、交流和脉冲三种类型。

由于钨极的载流能力有限,电弧的功率受到一定的限制,因此焊缝的熔深较浅,焊接速度较慢。钨极氩弧焊仅适用于焊接厚度小于 6 mm 的工件。目前,钨极氩弧焊广泛用于飞机制造、石油化工及纺织等工业制造中。

为了适应厚工件的焊接,在钨极氩弧焊的基础上,发展了熔化极氩弧焊,如图 3-16 所

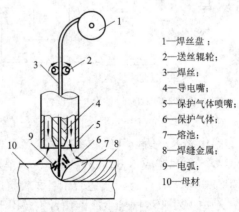

1—焊丝盘;
2—送丝辊轮;
3—焊丝;
4—导电嘴;
5—保护气体喷嘴;
6—保护气体;
7—熔池;
8—焊缝金属;
9—电弧;
10—母材

图 3-16 熔化极氩弧焊

示。在熔化极氩弧焊中，焊丝既是电极，又是填充金属。熔化极氩弧焊允许采用大电流，因而工件熔深较大，焊接速度快，生产率高，变形小。它可用于铝及铝合金、铜及铜合金、不锈钢、高合金钢等材料的焊接。

3．埋弧焊

埋弧焊是一种电弧在焊剂层下面进行焊接的方法，其焊接过程如图 3-17 所示。它以连续送进的焊丝代替手弧焊的焊芯，以焊剂代替焊条药皮，当电弧被引燃以后，电弧热将工件、焊丝和焊剂熔化，并使部分金属和焊剂蒸发而形成一个气泡。气泡上部被一层熔化了的熔剂(熔渣)覆盖，它不仅将电弧和熔池与空气有效地隔离开，还可阻挡电弧光散射出来。

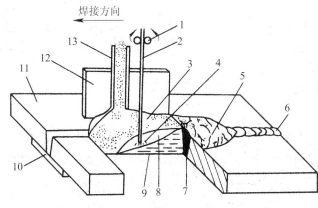

1—送丝辊轮；
2—焊丝；
3—焊剂；
4—电弧；
5—渣壳；
6—焊缝；
7—焊缝金属；
8—熔渣；
9—熔融金属；
10—焊接衬板；
11—焊件；
12—焊剂挡板；
13—焊接剂管

图 3-17　埋弧焊焊接过程

埋弧焊有半自动焊和自动焊两大类，通常所说的埋弧焊均指后者。埋弧自动焊的焊接参数可以自动调节，是一种高效率的焊接方法。它可以采用大的焊接电流，熔深大，不开坡口一次可焊透 20～25 mm 的钢板，而且焊接接头质量高，成形美观，力学性能好，很适合于中、厚板的焊接，但不适于薄板的焊接，在造船、锅炉、化工设备、桥梁及冶金机械制造中获得了广泛应用。它可焊接的钢种包括碳素结构钢、低合金钢、不锈钢、耐热钢及复合钢材等。但是，埋弧焊只适用于平焊位置对接和角接的平、直、长焊缝或较大直径的环焊缝的焊接。

3.3　电阻焊和钎焊(Resistance welding and soldering)

3.3.1　电阻焊(Resistance welding)

电阻焊又称接触焊，是利用强电流通过工件接头的接触面及邻近区域产生的电阻热把工件加热到塑性状态或局部熔化状态，再在压力作用下形成牢固接头的一种压焊方法。因在这种焊接方法中电阻热起着最主要的作用，故称电阻焊。因在焊接过程中两工件间的接触起着重要作用，故又称接触焊。根据焊接接头的形式，可将电阻焊的焊接方法分为点焊、缝焊(也称滚焊)和对焊三种，如图 3-18 所示。

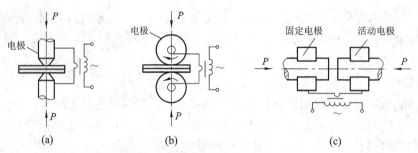

图 3-18　电阻焊的基本形式

(a) 点焊；(b) 缝焊；(c) 对焊

1. 点焊

点焊是利用两个柱状电极加压并通电，在接触处因电阻热的作用形成一个熔核，结晶后即形成一个焊点，再由多个焊点将工件连接在一起。点焊适用于制造接头处不要求密封的搭接结构和焊接厚度小于 3 mm 的冲压、轧制的薄板工件等。它广泛用于低碳钢产品的焊接，如汽车驾驶室等的低碳钢薄板工件。

2. 缝焊

缝焊用一对滚轮电极代替点焊的柱状电极，当它与工件做相对运动时，经通电、加压，在接缝处形成一个个相互重叠的熔核，结晶冷却后，即成密封的连续焊缝。缝焊用于焊接油桶、罐头、暖气片、飞机和汽车的油箱等有密封要求的薄板工件。

3. 对焊

对焊是将两个工件的端面相互接触，经通电和加压后，使其整个接触面焊合在一起。对焊有电阻对焊和闪光对焊两种类型，主要区别在于它们加压和通电的方式不同。对焊用于石油和天然气输送管道、钢轨、锅炉钢管、自行车和摩托车轮圈、锚链及各种刀具等的焊接，也可用于各种部件的组合及异种金属的焊接。

电阻焊具有下列优点：由于加热时间短，热量集中，因此热影响区较小，焊接应力与变形也小，焊接后不再需要校正和热处理；电阻焊不需要焊丝、焊条等填充金属，因此焊接成本低；操作简单，易于实现机械化、自动化，生产率高，劳动条件好，但也有下列缺点：设备功率大，一次性投资大；目前尚无可靠的检测方法，只能依靠工艺试样或破坏性试验来检验。

3.3.2　钎焊(Soldering)

钎焊是采用熔点比工件低的钎料作填充金属，加热时钎料熔化而将工件连接起来的焊接方法。常见的钎焊接头形式如图 3-19 所示。钎焊的过程是：将表面清理好的工件以搭接形式装配在一起，把钎料放在接头间隙附近或接头间隙之间。当工件与钎料被加热到稍高于钎料熔点的温度后，钎料熔化(此时工件不熔化)，借助毛细管作用被吸入并充满固态工件间隙，液态钎料与工件金属相互扩散溶解，冷凝后即形成钎焊接头。

根据钎料熔点的不同，钎焊可分为硬钎焊与软钎焊两类。钎料熔点在 450℃以上，接头强度在 200 MPa 以上的称为硬钎焊，属于这类的钎料有铜基、银基和镍基钎料等。钎料熔点在 450℃以下，接头强度较低的钎焊称为软钎焊，这种钎焊只用于焊接受力不大、工作温度较低的工件，其常用的钎料是锡铅合金，所以通称锡焊。

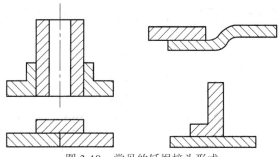

图 3-19　常见的钎焊接头形式

在钎焊过程中，一般都需要使用熔剂，即钎剂，其作用是清除被焊金属表面的氧化膜及其他杂质，改善钎料流入间隙的性能(即润湿性)，保护钎料及工件不被氧化。因此，它对钎焊的质量影响很大。软钎焊常用的钎剂为松香或氯化锌溶液。硬钎焊钎剂的种类较多，主要由硼砂、硼酸、氟化物、氯化物等组成，应根据钎料种类选择使用。

钎焊的加热方法有烙铁加热、火焰加热、电阻加热、感应加热、盐浴加热等，可根据钎料种类、工件形状及尺寸、接头数量、质量要求与生产批量等综合考虑选择。

与一般熔焊相比，钎焊的优点是：工件加热温度较低，组织和力学性能变化很小，变形也小；接头光滑平整，工件尺寸精确；可焊接性能差异很大的异种金属，对工件厚度的差别也没有严格限制；对工件整体进行钎焊时，可同时钎焊多条(甚至上千条)接缝组成的复杂形状构件，生产率很高；设备简单，投资费用少。但是钎焊的接头强度较低，允许的工作温度不高；焊前清整要求严格，而且钎料价格较贵，因此，它不适合于一般钢结构构件及重载、动载零件的焊接。钎焊主要用于精密仪表、电气部件、异种金属构件、某些复杂薄板结构(如夹层结构、蜂窝结构等)、各类导线及硬质合金刀具等的焊接。

3.4　焊 接 生 产 的 质 量 控 制
(Quality control of the welding production)

3.4.1　焊接缺陷(Welding defects)

1. 对焊接质量的要求
焊接质量一般包括焊缝的外形和尺寸、焊缝的连续性以及接头性能等三个方面。

一般对焊缝外形和尺寸的要求是：焊缝与母材金属之间应平滑过渡，以减少应力集中；没有烧穿、未焊透等缺陷；焊缝的余高为 0～3 mm，不应太大；焊缝的宽度、余高等尺寸都要符合国家标准或技术图样要求。

焊缝的连续性是指焊缝中无裂纹、气孔与缩孔、夹渣、未熔合与未焊透等缺陷。

接头性能是指焊接接头的力学性能及其他性能(如耐蚀性等)，应符合图样的技术要求。

2. 常见的焊接缺陷
焊接缺陷的种类很多，常见的有夹渣、气孔、裂纹和未焊透等。形成焊接缺陷的原因及其预防措施如表 3-3 所示。

表 3-3 常见焊接缺陷的类型、成因及预防措施

缺陷类型	特 征	产生原因	预防措施
夹渣	呈点状或条状分布	1. 前道焊缝除渣不干净 2. 焊条摆动幅度过大 3. 焊条前进速度不均匀 4. 焊条倾角过大	1. 应彻底除锈、除渣 2. 限制焊条摆动的幅度 3. 采用均匀一致的焊接速度 4. 减小焊条倾角
气孔	呈圆球状或条虫状分布	1. 焊件表面被锈、油、水分或脏物污染 2. 焊条药皮中水分过多 3. 电弧拉得过长 4. 焊接电流太大 5. 焊接速度过快	1. 清除焊件表面及坡口内侧的污染 2. 在焊前烘干焊条 3. 尽量采用短电弧 4. 采用适当的焊接电流 5. 降低焊接速度
裂纹	裂纹形状和分布很复杂,有表面裂纹、内部裂纹等	1. 熔池中含有较多的 C、S、P 等有害元素 2. 熔池中含有较多的氢 3. 工件结构刚性大 4. 接头冷却速度太快	1. 限制原材料中 C、S、P 的含量 2. 尽量降低熔池中氢的含量 3. 采用合理的焊接顺序和方向 4. 在焊前进行预热
未焊透	接头根部未完全熔化	1. 焊接速度太快 2. 坡口钝边过厚 3. 装配间隙过小 4. 焊接电流过小	1. 正确选择焊接电流和焊接速度 2. 正确选用坡口尺寸 3. 留有适当的装配间隙
烧穿	焊缝出现穿孔	1. 焊接电流过大 2. 焊接速度过小 3. 操作不当	1. 选择合理的焊接工艺规范 2. 操作方法正确、合理
咬边	母材被烧熔而形成凹陷或沟槽	1. 焊接电流过大 2. 电弧过长 3. 焊条角度不当 4. 运条不合理	1. 选用合适的焊接电流,避免电流过大 2. 操作时,电弧不要拉得过长 3. 焊条角度要适当 4. 运条时,坡口中间的速度稍快,而边缘的速度要慢些
未熔合	母材与焊缝或焊条与焊缝未完全熔化结合	1. 焊接电流过小 2. 焊接速度过快 3. 热量不够 4. 焊缝处有锈蚀	1. 选用较大的焊接电流 2. 放慢焊速 3. 运条动作要合理 4. 焊接要清理干净

　　焊接缺陷必然会影响接头的力学性能和其他使用上的要求(如密封性、耐蚀性等)。对于重要的接头,上述缺陷一经发现必须修补,否则可能产生严重的后果。缺陷如不能及时修复,甚至会造成产品的报废。对于不太重要的接头,个别的小缺陷,如不影响使用,可

以不必修补。但在任何情况下，裂纹和烧穿都是不允许的。

3.4.2 焊接接头的检验方法(Test methods for welded joints)

对焊接接头进行必要的检验是保证焊接质量的重要措施。工件焊完后，应根据产品的技术要求对焊接接头进行相应的检验。生产中常用的检验方法有：外观检验、着色检验、无损探伤、致密性检验、力学性能和其他性能试验等。

(1) 外观检验：用肉眼或低倍放大镜观察焊缝表面有无缺陷。对焊缝的外形尺寸还可采用样板测量。

(2) 着色检验：利用流动性和渗透性好的着色剂来显示焊缝表层中的微小缺陷。

(3) 无损探伤：用专门的仪器检验焊缝内部或浅表层有无缺陷。常用来检验焊缝内部缺陷的方法有 X 射线探伤、γ 射线探伤和超声波探伤等。对于铁磁性材料(如碳钢及某些合金钢等)工件浅表层的缺陷，可采用磁力探伤的方法。

(4) 致密性检验：对于要求密封和承受压力的容器或管道，应进行焊缝的致密性检验。根据焊接结构负荷的特点和结构强度要求的不同，致密性检验可分为煤油试验、气压试验和水压试验三种。水压试验时，检验压力应是工作压力的 1.2～1.5 倍。

其他的检验方法还有破坏性试验，它是根据设计要求将焊接接头制成试样，进行拉伸、弯曲、冲击等力学性能试验和其他性能试验，如金相检验、断口检验和耐压试验等。

思考与练习(Thinking and exercise)

1. 焊条的焊芯和药皮各起什么作用？试问用敲掉了药皮的焊条(或光焊丝)进行焊接时，将会产生什么问题？

2. 下列焊条型号或牌号的含义是什么？

    E4303   E5015   J422   J507

3. 焊条电弧焊有哪几种引弧方法？

4. 焊条的选用原则是什么？

5. CO_2 气体保护焊与埋弧自动焊比较各有什么特点？

6. 电阻焊有何特点？点焊、缝焊、对焊各应用于什么场合？

第4章

热处理(Heat treatment)

4.1 概 述(Brief introduction)

人们通过生产实践和科学研究发现，将钢铁材料在固态下加热到某一适当温度，保温后以一定的冷却速度将其冷至室温，就可以使其内部的组织结构和性能发生变化。如果改变加热和冷却的条件，那么材料的性能也会随之发生改变。利用这种加热和冷却的方法来使钢铁材料获得所需性能的工艺过程，就是钢铁的热处理。除了钢铁之外，还有不少金属材料也能通过热处理来改变性能。可见，热处理与铸造、锻压、焊接和切削加工等生产不同，它的目的在于改变工件材料的性能，而不改变工件的形状和尺寸。

热处理是机械产品制造中的重要工艺。例如，车床尾座上的顶尖必须有高的硬度和耐磨性，才能保证其顺利工作和具有较高的使用寿命，这只有通过正确地选用材料并进行合适的热处理才能达到。但是，在加工制作顶尖零件时，其材料的硬度却应该低一些，以具有较好的切削加工性，这也必须通过适当的热处理来实现。所以，许多机器零件和工、模具在制造过程中，往往需要安排多次热处理。在冷、热加工工序之间进行的热处理通常叫作预备热处理，其目的是消除上道工序所产生的缺陷，为下道工序的进行创造良好的条件。在工件的加工成形基本完成之后，再进行的热处理通常叫作最终热处理，它所赋予工件的是在使用条件下所应具备的性能。因此，热处理对于发挥材料的性能潜力，改善加工条件，提高产品的质量和经济效益，起着积极的作用。

热处理的工艺方法很多，按照国家标准，可将它们分为三大类：

(1) 整体热处理：如退火、正火、淬火、回火等。

(2) 表面热处理：如表面淬火、表面气相沉积等。

(3) 化学热处理：如渗碳、渗氮、氮碳共渗等。

其中，表面热处理和化学热处理都是仅对工件表层进行的热处理，其作用主要是强化工件的表面。这是因为，一方面，有不少机械零件如齿轮、冲头等，它们在工作时其表面要承受与心部不同类型的载荷的作用，或者需要比心部受到更多的破坏性因素的影响，因而就要求其表面必须具有与心部不同的特殊性能；另一方面，生产实践和科学研究也表明，机械产品的工程结构在使用过程中所发生的破坏或失效，大多并非由于材料整体或内部的破坏，而是来自材料的表面损伤，如磨损、腐蚀和表面疲劳裂纹等。由此可见，如何有效地改善材料的表面性能或为材料表面提供有效的保护，对于更好地提高产品的使用性能，显著延长其使用寿命，有着极大的意义。材料表面处理技术就是因此而发展起来的。

材料表面处理就是在不改变基体材料的成分和性能的条件下，通过某些方法(如机械、物理或化学方法)使材料表面具有某种或某些特殊性能，以满足产品的使用要求。采用表面处理技术可以大大增强材料抵抗表面损伤的能力，如耐磨性、耐蚀性和抗疲劳性能等。同时，表面处理技术还为修复因磨损或腐蚀而损坏的工件提供了一定的手段。由于表面处理具有低成本、高效益的优异效果，它在机械制造业和其他行业中的应用已越来越多。

按照材料表面处理的用途不同，可将其分为三类，即表面强化处理、表面防护处理和表面装饰加工。常见的表面强化处理方法除了表面热处理和化学热处理之外，还有表面形变强化处理、表面复合强化处理等；表面防护处理主要是采用各种镀层、化学转化膜或涂料涂装等方法来保护材料本身不受外界的有害作用或侵蚀等；而表面装饰加工是通过表面抛光、金属着色、装饰性镀层或涂装等方法来达到表面装饰美观的目的。

4.2　钢的热处理工艺(Heat treatment process of steel)

钢的热处理是建立在纯铁在固态下能够产生同素异构转变的基础之上的。铁的同素异构转变(即在一定的温度下其晶体结构会发生改变)将导致在加热或冷却过程中铁碳合金内部的组织结构发生变化。对于碳素钢来说，在加热时，开始发生这种组织结构变化的温度(称为临界温度或相变温度)约为 $727℃$，叫作 A_1 温度。如果把加热到 A_1 以上适当温度的钢件保温一段时间后，以不同的冷却速度冷至室温，则会使其组织结构和性能发生不同的变化。因此，根据加热温度和冷却速度的不同，便构成了不同的热处理工艺。

不同的热处理工艺适用于不同的条件和目的，所以，在制定热处理工艺和进行热处理操作之前，必须对所要处理的工件的材料和性能要求等做到心中有数。

4.2.1　钢的整体热处理(Overall heat treatment)

整体热处理是指通过加热使工件在达到加热温度时里外热透，经冷却后实现改善工件整体组织和性能的目的。常用的钢的整体热处理包括退火、正火、淬火和回火等。

1. 退火

退火是将工件加热到适当温度，保温一定时间，然后缓慢冷却的热处理工艺。退火主要用于加工铸、锻、焊件等毛坯或半成品零件，一般是作为预备热处理。从性能上来看，一方面，退火使钢被软化，硬度降低，这通常会有利于切削加工；另一方面，退火还可以消除工件中存在的内应力，使毛坯件晶粒细化，组织均匀。常用的退火工艺有以下几种：

(1) 完全退火：主要用于加工低碳钢和中碳钢工件。完全退火一般是把工件加热到 $750 \sim 900℃$(随钢中含碳量降低而升高加热温度，如图 4-1 所示)，保温一段时间后，随炉缓慢冷却至室温，也可随炉冷却至 $500℃$ 以下出炉空冷。

(2) 球化退火：对于碳的质量分数大于或等于 0.8% 的高碳钢，采用完全退火难以获得比较理想的均匀组织，硬度也往往偏高，不利于切削加工，因此，对它们要采用球化退火。其方法是将工件加热到 A_1 以上 $20 \sim 30℃$，适当保温后随炉缓慢冷却下来。球化退火后的钢一般处于最软化的状态，组织也比较均匀。高碳工具钢经球化退火后，也有较好的切削加工性能。

(3) 去应力退火：目的只是消除工件中的内应力。它是将工件加热到 500~600℃，保温一定时间，然后随炉冷却。去应力退火时的加热温度是各种退火工艺中最低的，故又称低温退火。

2．正火

正火的工艺是将工件加热并保温后，在空气中冷却。碳素钢正火的加热温度为 760~920℃，具体钢种的正火温度与钢的含碳量有关，见图 4-1。

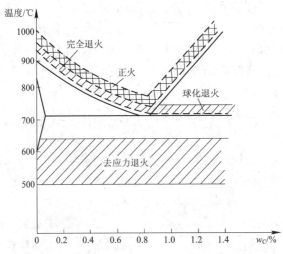

图 4-1　碳素钢退火和正火的加热温度范围

正火的作用与退火相似，所不同的是正火的冷却速度较快，因而得到的组织结构较细，力学性能也有所提高。另外，正火比退火的生产周期短，设备利用率高，能耗小，成本低，因此正火是一种方便经济的热处理方法。低碳钢工件由于退火后硬度偏低，切削加工性能反而不好，因此通常用正火而不用退火来加工。中碳钢工件的预备热处理采用正火或退火均可，一般在满足工件性能要求的情况下，宜优先选用正火。对于力学性能要求不高的零件，也可用正火作为最终热处理。

3．淬火

淬火是将工件加热到 A_1 以上的适当温度，保温后快速冷却的热处理工艺，最常见的有水冷淬火、油冷淬火等。淬火的目的是使钢件强化，以显著地提高工件的硬度，增强耐磨性；但同时也伴有工件塑性、韧性的下降。通常，各种工具如刀具、模具和量具，及许多机械零件都需要进行淬火处理。

淬火的加热温度对工件淬火后的组织和性能有很大影响，主要取决于钢的化学成分。对于碳的质量分数小于 0.8%的碳素钢来说，含碳量越低，其淬火加热温度越高。例如，30 钢的淬火温度为 860℃，45 钢的淬火温度为 840℃，55 钢的淬火温度为 820℃。对于碳的质量分数大于或等于 0.8%的高碳钢，其淬火加热温度为 A_1+(30~50)℃，即大致在 760~780℃的范围内。

淬火用的冷却介质也称为淬火介质。碳素钢工件的淬火大多采用水作为冷却介质，因为水的价格很低而且冷却能力较强。合金钢工件淬火时，一般采用冷却能力较低的油作为淬火介质。

淬火操作时，还应注意工件浸入淬火介质时的方式。若浸入方式不当，则有可能导致工件淬火后局部硬度不足，或者使工件产生内应力而引起变形甚至开裂。工件浸入淬火介质的正确方法(见图 4-2)如下：细长状的工件(如钻头、轴等)，应垂直淬入淬火介质中；薄壁环状工件(如圆筒、套圈等)，应轴向垂直淬入；薄片状工件(如圆盘等)应立放淬入；厚薄不均的工件，厚的部分应先淬入淬火介质；带有型腔或盲孔的工件，应将型腔或盲孔朝上淬入淬火介质(以利于型腔或盲孔内气泡的排除)。在淬火介质中，工件还应按一定的移动方向上下左右运动，以使工件上的各个部分尽可能均匀冷却。

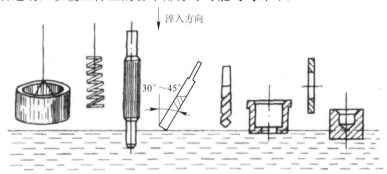

图 4-2　工件浸入淬火介质时的方式

淬火是钢的一种重要的强化方法，但通常还不是最终决定工件性能的工序，工件淬火后一般还必须紧接着进行回火。

4．回火

回火是将淬火后的工件再加热到 A_1 以下某一温度，保温一段时间，然后冷却至室温的热处理工艺。淬火钢回火的主要目的是：减少或消除因淬火产生的内应力，以防止工件变形与开裂；调整工件的力学性能，以满足使用要求；稳定工件的尺寸。

工件回火后的性能主要取决于回火温度的高低，因此，回火操作主要是控制回火温度。回火后的冷却通常采用在空气中冷却，少数情况下，需用油冷或水冷。随着回火温度的升高，钢件力学性能变化的基本趋势是：强度、硬度下降，塑性、韧性提高，同时内应力减小。根据回火温度的不同，可将回火分为下列三类：

(1) 低温回火：回火温度范围为 150～250℃，其目的是减小工件淬火后的内应力和脆性，但仍然使之保持高的硬度(56～64HRC)。低温回火主要用于加工刀具、量具、冷作模具、滚动轴承、经表面淬火或渗碳的工件等。

(2) 中温回火：回火温度范围为 350～500℃，可使工件具有高的弹性极限、屈服强度以及一定的韧性，硬度为 35～50HRC。中温回火主要用于加工各种弹簧和热锻模等。

(3) 高温回火：回火温度范围为 500～650℃，工件可获得强度、塑性和韧性都较好的综合力学性能，硬度为 200～300HBS。通常将淬火和高温回火两道热处理工序合称为调质处理。高温回火主要用于加工重要的机械零件，如轴、齿轮、连杆、高强度螺栓等。

4.2.2　钢的表面热处理和化学热处理
(Surface heat treatment and chemical heat treatment of steel)

有些机械零件，如齿轮、曲轴、活塞销等以及许多工模具，由于使用条件的特殊性，往往要求其表面具有高的硬度和耐磨性，而心部要有较好的塑性和韧性。对于这种同一零件具有"外硬内韧"双重性能要求的情况，靠整体热处理显然无法做到，一般须采用表面热处理来满足这类工件的性能要求。

1．表面热处理(Surface heat treatment)

表面热处理是指仅对工件的表层进行热处理，以改变其组织和性能的处理方法。目前应用较多的表面热处理的方法是表面淬火。

表面淬火工艺就是通过对工件表面的快速加热，仅使其表层升温至临界温度以上并发生组织转变，而心部组织并未发生变化，然后快速冷却进行淬火。表面加热的方法有多种，如感应加热、火焰加热、激光加热、电子束加热等。

(1) 感应加热表面淬火：将工件放在通有一定频率交流电的感应线圈内，感应线圈周围的同频率交变磁场将使工件内部产生自成闭合回路的感应电流(涡流)。涡流在工件截面上分布不均匀，主要集中在工件表层(这一现象称为集肤效应)，从而使工件表面迅速被加热到淬火温度而心部仍接近室温，随后喷水冷却，使工件表层淬火硬化。感应电流频率越高，涡流越向表层集中，加热层也越薄，淬火硬化层深度越小。一般高频率(200~300 kHz)感应加热淬火层的深度为 0.5~2 mm。

(2) 火焰加热表面淬火：用氧—乙炔(或其他可燃气体)火焰加热工件表面，使其迅速达到淬火温度，然后立即喷水(或浸入水中)冷却。此法的优点是加热方法简单，无需特殊设备，成本低；缺点是加热不均，淬火质量不易控制。

2．化学热处理(Chemical heat treatment)

化学热处理是将工件置于含有待渗元素的介质中加热和保温，使这种或这些元素的活性原子渗入工件表层，从而改变其表层的化学成分、组织和性能的热处理方法，主要是为了表面强化和改善工件表面的物理、化学性能。

化学热处理的种类很多，一般以渗入的元素来对其命名，最常用的是渗碳和渗氮。渗碳是将低碳钢工件置于富碳的介质中，加热到高温(900~950℃)，使碳原子渗入工件表层，获得碳的质量分数为1%左右的渗碳层，再经淬火和低温回火后，使工件表层具有高的硬度、耐磨性和抗疲劳性能，而心部仍保持较高的塑性、韧性和一定的强度。渗氮是将工件置于富氮的介质中，加热到 500~600℃并保温，使氮原子渗入工件表层后直接形成坚硬、耐蚀、抗疲劳的渗氮层，无需再进行其他热处理。常用的渗碳和渗氮方法是气体渗碳和气体渗氮。

在进行热处理操作实习时，应注意了解所接触到的各类热处理零件的名称、材料，热处理的目的、加热温度、冷却方式等，比较工件在热处理前后的硬度变化，同时还要对用到或见到的热处理设备的名称、型号和用途等加以了解。

4.3　热处理的常用设备
(Common equipments for heat treatment)

常用的热处理设备主要包括热处理加热设备、冷却设备、辅助设备和质量检验设备等。

4.3.1 热处理加热设备(Heating equipments)

1. 电阻炉

电阻炉的结构一般由炉壳、炉衬、炉门、电热元件、温控部分等组成。放置在炉腔内的电热元件通电后发热,以对流和辐射的方式对工件进行加热。

按工作温度的不同,热处理电阻炉可分为高温炉(1000℃以上)、中温炉(650~1000℃)和低温炉(600℃以下)三类;按炉型构造的不同,可分为箱式炉、井式炉、台车式炉等多种。中温箱式电阻炉的应用最为广泛,可用于碳素钢与合金钢工件的退火、正火和淬火的加热等;高温箱式电阻炉可用于高合金钢中、小件的淬火加热等;低温井式电阻炉一般用于工件的回火、气体渗氮、气体氮碳共渗等;中温井式电阻炉多用于气体渗碳等。

(1) 箱式电阻炉。箱式电阻炉的炉体外观为长方体箱形,炉腔用耐火砖砌成,侧面和底面放置有电热元件(铁铬铝或镍铬电阻丝)。热电偶从炉顶或后壁插入炉腔,通过炉温控制仪表显示和控制炉温。图 4-3 为中温箱式电阻炉的结构图。这类炉子的最高使用温度为950℃,功率有 30 kW、45 kW、60 kW 等规格,可根据工件大小和装炉量的多少加以选用。

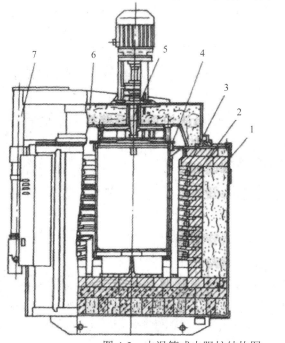

1—炉壳;
2—炉衬;
3—电热元件;
4—装料筐;
5—风扇;
6—炉盖;
7—炉盖升降机构

图 4-3 中温箱式电阻炉结构图

(2) 井式电阻炉。井式电阻炉的炉体呈圆筒状,炉口向上并安有炉盖。一般将炉体部分或大部分置于地坑中,仅露出地面 600~700 mm,以方便工件的进炉和出炉。炉顶常装有风扇,以加强炉气的循环,保持炉温均匀。图 4-4 为井式电阻炉的结构图。工件可装入料筐或用专用夹具装夹后放于炉内加热;特别适用于长轴类工件的垂直挂吊加热,可防止其弯曲变形。实际操作中,可以利用吊车起吊工件,以减轻劳动强度。

气体渗碳或渗氮等的井式电阻炉,炉内有一炉罐用于放置工件,炉盖上安装有渗剂滴入装置。炉罐与炉盖之间各处都有密封装置,以防止漏气。

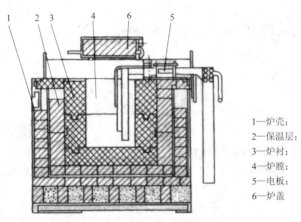

1—炉壳；
2—保温层；
3—炉衬；
4—炉膛；
5—电板；
6—炉盖

图 4-4　井式电阻炉结构图

2．盐浴炉

盐浴炉是利用熔融的盐作为加热介质的热处理加热设备。最常用的是电极盐浴炉，它是在池状炉膛内插入或在炉壁中埋入电极，通以低电压、大电流的交流电，通过炉内的熔融盐液形成回路，借助熔盐的电阻加热使熔盐达到要求的温度，从而以对流和传导的方式对浸在熔盐中的工件进行加热。图 4-5 为插入式电极盐浴炉的结构图。

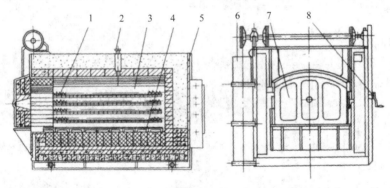

1—电热元件；2—热电偶孔；3—炉膛；4—炉底板；5—炉壳；6—钟锤筒；7—炉门；8—摇把

图 4-5　插入式电极盐浴炉结构图

启动电极盐浴炉时，须用辅助电极将盐熔化，再用主电极进行通电加热。盐浴在使用中还必须定期脱氧。盐浴炉的优点是加热迅速、均匀，工件不易氧化、脱碳，并且便于局部加热。盐浴炉广泛应用于中、小型零件(尤其是合金钢的工、模具零件)的正火和淬火加热以及多种化学热处理。

3．其他热处理加热设备

其他热处理加热设备还有：燃料炉(如燃煤炉、燃油炉和燃气炉等)、流动粒子炉、可控气氛加热炉、真空热处理炉、高频感应加热设备等。

4.3.2　热处理冷却设备及其他设备(Cooling equipments and others)

1．冷却设备

由于退火时工件是随炉冷却的，而正火和回火的工件一般都是在空气中冷却的，因此热处理的冷却设备主要是指用于淬火的水槽和油槽等。其结构一般为上口敞开的箱形或圆筒形槽体，内盛水或油等淬火介质，常附有冷却系统或搅拌装置，以保持槽内淬火介质温度的稳定和均匀。

2．辅助设备

热处理辅助设备主要包括：用于清除工件表面氧化皮的清理设备，如清理滚筒、喷砂机、酸洗槽等；用于清洗工件表面黏附的盐、油等污物的清洗设备，如清洗槽、清洗机等；用于校正热处理工件变形的校正设备，如手动压力机、液压校正机等；用于搬运工件的起重运输设备等。

3．质量检验设备

热处理质量检验设备通常有检验硬度的硬度试验机、检验裂纹的磁粉探伤机和检验材料内部组织的金相检验设备等。

思考与练习(Thinking and exercise)

1. 常用热处理工艺分为哪几类？
2. 简述整体热处理工艺(淬火、退火、回火、正火、调质)的工艺过程、特点及应用。
3. 常用热处理加热设备的种类及特点是什么？

第 5 章

钳工(Benchwork)

5.1　概述(Brief introduction)

5.1.1　钳工的基本操作(Basic operation of benchwork)

钳工主要是手持工具对夹紧在钳工工作台虎钳上的工件进行切削加工的方法，是机械制造中的重要工种之一。目前，虽然有各种先进的加工方法，但钳工具有所用工具简单、加工多样灵活、操作方便、适应面广、可以完成机械加工所不能完成的某些工作等特点，因此尽管钳工操作的劳动强度大、生产效率低，但在机械制造及机械维修中钳工有着特殊的、不可取代的作用，是切削加工不可缺少的一个组成部分。钳工的工具和操作方法也在不断改进和发展。

钳工的基本操作可分为以下几种：

(1) 辅助性操作：即划线，它是根据图样在毛坯或半成品工件上划出加工界线的操作。

(2) 切削性操作：有錾削、锯削、锉削、攻螺纹、套螺纹、钻孔、扩孔、铰孔、刮削和研磨等多种操作。

(3) 装配性操作：即装配，是将零件或部件按图样技术要求组装成机器的工艺过程。

(4) 维修性操作：即维修，是对在役机械设备进行维修、检查、修理的操作。

5.1.2　钳工工作台和虎钳(Fitter bench and vice)

钳工的操作主要在钳工工作台和虎钳上进行。

1. 钳工工作台

钳工工作台(如图 5-1 所示)简称钳台，常用硬质木板或钢材制成，要求坚实、平稳、台面高度约 800～900 mm，台面上装虎钳和防护网。

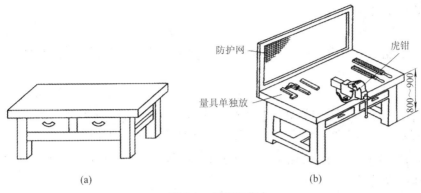

图 5-1　钳工工作台

(a) 普通钳工台；(b) 实习钳工台

2．虎钳

虎钳主要用来夹持工件，其规格以钳口的宽度来表示，常用的有 100 mm、125 mm 和 150 mm 三种。虎钳有固定式(如图 5-1(b)所示)和回转式(如图 5-2 所示)两种。松开回转式虎钳的夹紧手柄，虎钳便可以在底盘上转动，以变更钳口方向，便于操作。

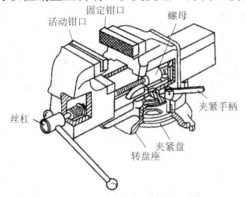

图 5-2　回转式虎钳

使用虎钳时应注意：工件尽量夹在钳口中部，以使钳口受力均匀；夹紧后的工件应稳定可靠，便于加工，但不能产生变形；夹紧工件时，一般只允许依靠手的力量来扳动手柄，不能用手锤敲击手柄或随意套上长管子来扳手柄，以免丝杠、螺母或钳身损坏；不要在活动钳身的光滑表面进行敲击作业，以免降低配合性能；加工时，用力方向最好是朝向固定钳身；夹持工件的光洁表面时，应垫铜皮加以保护。

5.2　划 线(Marking)

5.2.1　划线的作用及种类(Effect and classification of marking)

划线是根据图样的尺寸要求，用划线工具在毛坯或半成品上划出待加工部位的轮廓线(或称加工界限)或划出基准点、线的一种操作方法。划线的精度一般为 0.25～0.5 mm。

1．划线的作用

划线的作用如下：

(1) 所划的轮廓线即为毛坯或半成品的加工界限和依据，所划的基准点或线是工件安装时的标记或校正线。

(2) 在单件或小批量生产中，可通过划线来检查毛坯或半成品的形状和尺寸，合理地分配各加工表面的余量，及早发现不合格品，避免造成后续加工工时的浪费。

(3) 在板料上划线下料，能做到正确排料，使材料得到合理使用。

对划线的要求是：尺寸准确，位置正确，线条清晰，冲眼均匀。

2．划线的种类

划线分为平面划线和立体划线两种，如图 5-3 所示。

(1) 平面划线：在工件的一个平面上划线，能明确表示加工界限，与平面作图法类似。

(2) 立体划线：在工件的几个相互成不同角度的表面(通常是相互垂直的表面)上划线，即在长、宽、高三个方向上划线。

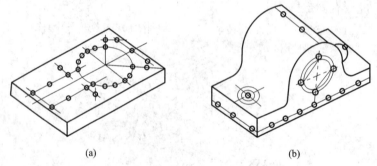

(a)   (b)

图 5-3　平面划线和立体划线

(a) 平面划线；(b) 立体划线

5.2.2　划线的工具及其用法(Marking tool and using method)

按用途不同，划线工具分为基准工具、直接绘划工具和支承装夹工具等。

1．基准工具

划线平板是划线的基准工具，由铸铁制成(如图 5-4 所示)。其上平面是划线的基准平面，要求非常平直和光洁。平板安放时要平稳牢固，上平面应保持水平。平板不准碰撞和用锤敲击，以免使其精度降低。平板长期不用时，应涂油防锈，并加盖保护罩。

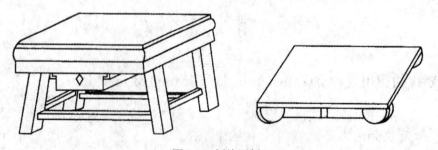

图 5-4　划线平板

2．直接绘划工具

直接绘划工具主要有划针和划线盘等。

(1) 划针。划针是划线的基本工具，有直划针和弯头划针，如图 5-5(a)和(b)所示。划针由直径 3～4 mm 的弹簧钢丝制成，或由碳钢钢丝在短部焊上硬质合金磨尖而成。划线时，划针针尖应紧贴钢尺移动，尽量做到线条一次划出，使线条清晰、准确，如图 5-5(c)所示。

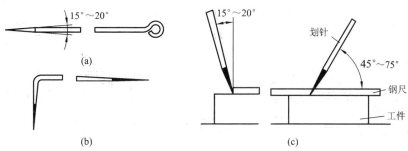

图 5-5　划针

(a) 直划针；(b) 弯头划针；(c) 用划针划线

(2) 划线盘。划线盘是立体划线和校正工件位置时用的工具，有普通划线盘和可微调划线盘两种形式(如图 5-6 所示)。划线时，划线盘上的划针装夹要牢固，伸出长度要适中，底座应紧贴划线平台，移动平稳，不能摇晃。划线时，先调节划针的高度，然后在划线平板上移动划线盘，就可以在工件上划出与划线平板平行的刻线，如图 5-7 所示。

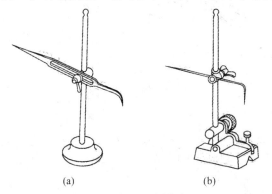

图 5-6　划线盘

(a) 普通划线盘；(b) 可微调划线盘

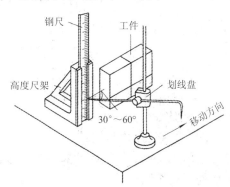

图 5-7　用划线盘划线

3．支承装夹工具

支承装夹工具主要有 V 形铁、千斤顶和方箱等。

(1) V 形铁。V 形铁用于支承圆柱形工件，使工件轴线与平板平行(如图 5-8 所示)，便于找出中心和划出中心线。较长的工件可放在两个等高的 V 形铁上。

(2) 千斤顶。千斤顶[如图 5-9(a)所示]是在平板上支承较大且不规则工件时使用的，其高度可以调整。通常用三个千斤顶支承工件[如图 5-9(b)所示]。

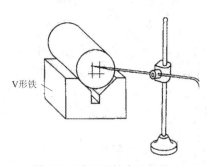

图 5-8　用 V 形铁支承工件

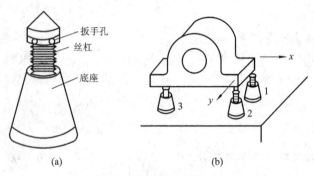

图 5-9　用千斤顶支承工件

(a) 千斤顶；(b) 用千斤顶支承工件

(3) 方箱。方箱是铸铁制成的空心立方体，各相邻的两个面均互相垂直，如图 5-10 所示。方箱用于夹持支承尺寸较小而加工面较多的工件。通过翻转方箱，可在工件的表面上划出互相垂直的线条。

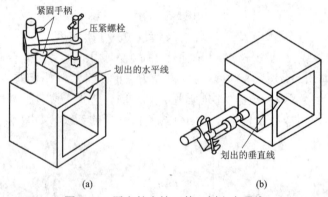

图 5-10　用方箱夹持工件，划出水平线

(a) 将工件压紧在方箱上，划出水平线；(b) 方箱翻转 90°，划出垂直线

4．划规、划卡和样冲

(1) 划规。划规是划圆或弧线、等分线段及量取尺寸等使用的工具，如图 5-11 所示。划规是用工具钢制成的，两脚尖要淬硬磨利，为了耐磨，脚尖焊有硬质合金。它的用法与制图的圆规相似。

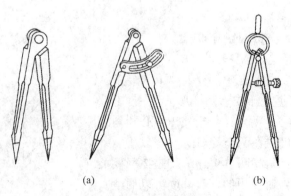

图 5-11　划规

(a) 普通划规；(b) 弹簧划规

(2) 划卡。划卡或称单脚划规，主要用于确定轴和孔的中心位置，也可用于划平行线，如图 5-12 所示。

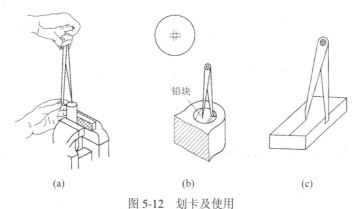

(a)　　　　　　　　(b)　　　　　　　　(c)

图 5-12　划卡及使用

(a) 定轴心；(b) 定孔中心；(c) 划直线

(3) 样冲。样冲是在划出的线条上打出样冲眼的工具。样冲眼可使划出的线条留下长久的位置标记。样冲及其用途如图 5-13 所示。

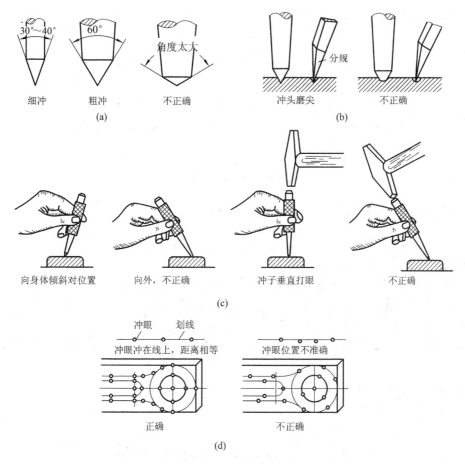

图 5-13　样冲及其用途

(a) 冲尖角度；(b) 冲尖钝的分规无固定位置；(c) 样冲使用；(d) 在直线和曲线上冲样冲眼

在圆弧和圆心上打样冲眼有利于钻孔时钻头的定心和找正，如图 5-14 所示。

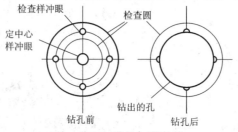

图 5-14　划线及打样冲眼

5.2.3　划线基准及其选择(Marking reference and datum selection)

划线时，若选定工件上某些点、线、面作为工件上其他点、线、面的度量起点，则被选定的点、线、面便作为划线基准。常用的划线基准有：两个互相垂直的外平面(如图 5-15(a) 所示)；两条互相垂直的中心线(如图 5-15(b)所示)；一个平面和一条中心线(如图 5-15(c)所示)等。划线基准选择得正确与否，对划线质量和划线速度有很大影响。选择划线基准时，应尽量使划线基准与图纸上的设计基准相一致，尽量选用工件上的已加工表面。工件为毛坯时，应选用重要孔的中心线为基准；毛坯上没有重要孔时，可选用较大的平面为基准。

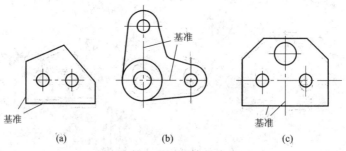

图 5-15　常用的划线基准

5.2.4　划线步骤(Operation step of marking)

划线一般步骤如下：

(1) 熟悉图样并选择划线基准；

(2) 检查和清理毛坯并在划线表面上涂涂料；

(3) 工件上有孔时，可用木块或铅块塞孔，找出孔中心；

(4) 正确安放工件并选择划线工具；

(5) 划线，首先划出基准线，然后划出水平线、垂直线、斜线，最后划出圆、圆弧和曲线等；

(6) 根据图纸检查划线的正确性；

(7) 在线条上打出样冲眼。

5.3　锯 削(Sawing process)

利用锯条锯断金属材料(或工件)或在工件上进行切槽的操作称为锯削。虽然当前各种自动化、机械化的切割设备已被广泛地使用，但手锯切割还是常见的锯削方式，它具有方便、简单和灵活的特点，因而在单件、小批生产，工地临时切割工件以及切割异形工件、开槽、修整等场合应用较广。因此手工锯削是钳工需要掌握的基本操作之一。

锯削可以用来分割各种材料及半成品、锯掉工件上的多余部分或在工件上锯槽。

5.3.1 锯削的工具(Tool of sawing process)

手锯是锯削的主要工具。手锯由锯弓和锯条两部分组成。

1. 锯弓

锯弓是用来夹持和拉紧锯条的工具，有固定式和可调式两种(如图 5-16 所示)。固定式锯弓的弓架是整体的，只能装一种长度规格的锯条。可调式锯弓的弓架分成前、后两段，由于前段在后段套内可以伸缩，可以安装几种长度规格的锯条，故目前广泛使用的是可调式锯弓。

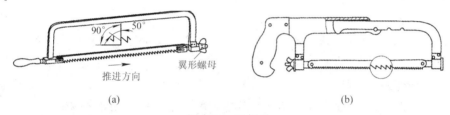

图 5-16　手锯弓

(a) 固定式；(b) 可调式

2. 锯条及其选用方法

1) 锯条的材料与结构

锯条是用碳素工具钢(如 T10 或 T12)或合金工具钢等材料经热处理制成的。

锯条的规格以锯条两端安装孔间的距离来表示(长度为 150~400 mm)。常用的锯条规格是长 300 mm、宽 12 mm、厚 0.8 mm。

锯条的切削部分由许多锯齿组成，每个锯齿相当于一把錾子，起切割作用。常用锯条的前角 γ 为 0、后角 α 为 40°～50°、楔角 β 为 45°～50°(如图 5-17 所示)。锯齿的粗细是按锯条上每 25 mm 长度内的齿数表示的，14~18 齿为粗齿，24 齿为中齿，32 齿为细齿。锯齿的粗细也可按齿距 t 的大小来划分：粗齿的齿距 t =1.6 mm，中齿的齿距 t = 1.2 mm，细齿的齿距 t = 0.8 mm。

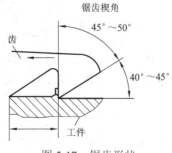

图 5-17　锯齿形状

2) 锯条粗细的选择

锯条的粗细应根据加工材料的硬度、厚薄来选择。锯割软的材料(如铜、铝合金等)或厚材料时，应选用粗齿锯条，因为锯屑较多，要求较大的容屑空间；锯割硬材料(如合金钢等)或薄板、薄管时，应选用细齿锯条，因为材料硬，锯齿不易切入，锯屑量少，不需要大的容屑空间；而锯薄材料时，锯齿易被工件勾住而崩断，需要同时工作的齿数多，以减少锯齿承受的力量。锯割中等硬度材料(如普通钢、铸铁等)和中等厚度的工件时，一般选用中齿锯条。

5.3.2 锯削的操作(Sawing process operation)

1．锯条的安装

手锯是在向前推时起切削作用，因此锯条安装在锯弓上时，锯齿尖端应向前；锯条的松紧应适中，否则锯切时易折断锯条。

2．工件的安装

工件伸出钳口部分应尽量短，以防止锯切时产生振动；锯割线应与钳口垂直，以防锯斜；工件要夹紧，但要防止变形和夹坏已加工表面。

3．手锯的握法

握持手锯时，右手握锯柄，左手轻扶弓架前端，如图 5-18 所示。

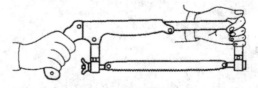

图 5-18　手锯的握法

4．锯削的方法

锯削的过程分起锯、正常锯削和结束锯削三个阶段。

1) 起锯

起锯时，右手握着锯弓手柄，锯条靠住左手大拇指，锯条应与工件表面倾斜成约 10°～15°的起锯角，如图 5-19(a)所示。如起锯角太小，锯齿不易切入工件，会发生打滑，但也不宜过大，以免崩齿。起锯时的压力要小，往复行程要短，速度要慢，一般待锯痕深度达到 2 mm 后，可将手锯逐渐移至水平位置进行正常锯削。

2) 正常锯削

正常锯削时，锯条应与工件表面垂直，做往复直线运动，不能左右晃动，如图 5-19(b)所示。左手施压，右手推进，前进时加压，用力要均匀，推速不宜太快；返回时不要加压，轻轻拉回，速度可快些。锯割时速度不宜过快，以每分钟 30～60 次为宜，并应用锯条全长的 2/3 工作，以免锯条中间部分迅速磨钝。

推锯时锯弓的运动方式有两种：一种是直线运动，适用于锯缝底面要求平直的槽和薄壁工件的锯割；另一种是锯弓上下摆动，这样操作自然，两手不易疲劳。锯割到材料快断时，用力要轻，以防碰伤手臂或折断锯条。

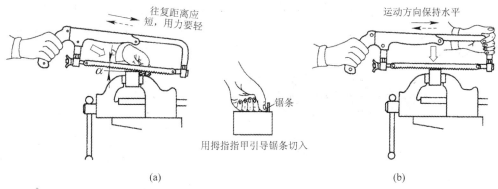

图 5-19　锯割方法

(a) 起锯姿势和起锯角度；(b) 正常锯削

3) 结束锯削

当锯削临结束时，用力应轻，速度要慢，行程要小。锯削快完成时，用力不可太大，并需用左手扶住被锯下的部分，以免该部分落下时砸脚。

5. 锯削示例

锯削前在工件上划出锯切线，划线时应留有锯削后的加工余量。

(1) 锯削圆钢时，为了得到整齐的锯缝，应从起锯开始以一个方向锯削至结束。如果断面要求不高，可逐渐变更起锯方向，以减少抗力，便于切入。

(2) 锯圆管时，应在管壁将锯穿时，把圆管向推锯方向转一角度，从原锯缝下锯，依次不断转动，直至锯断，如图 5-20(a)所示。若不转动圆管，则是错误的锯法，如图 5-20(b)所示。当锯条切入圆管内壁后，锯齿在薄壁上的锯切应力集中，极易被管壁勾住而产生崩齿或折断锯条。

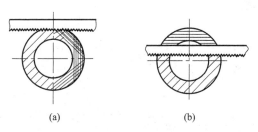

图 5-20　锯圆管

(a) 正确；(b) 不正确

(3) 锯厚件时，若锯切部分的厚度超过锯弓的高度，应将锯条转过 90°安装，锯弓平放推锯，如图 5-21 所示。

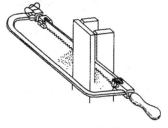

图 5-21　锯厚件

(4) 锯薄件时，应从薄件的宽面起锯，以使锯缝浅而整齐。从薄件窄面锯切时，薄件可以夹在两木板当中，以增加薄件刚度，减少振动和变形，并避免锯齿被卡住而崩断，如图 5-22 所示。

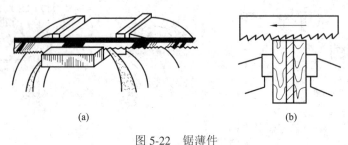

(a)　　　　　　　　　　　(b)

图 5-22　锯薄件

5.4　锉 削(Filing)

用锉刀对工件表面进行切削加工，这种加工方法称为锉削。锉削加工简便，工作范围广，多用于錾削、锯削或机械加工之后以及机械或部件的装配，还用于修整工件。锉削可对工件上的平面、曲面、内外圆弧、沟槽以及其他复杂表面进行加工，最高精度可达 IT7～IT8，表面粗糙度可达 1.6～0.8 μm。锉削可用于加工成形样板、模具型腔以及部件、机器装配时的工件修整，它是钳工的主要操作方法之一。

5.4.1　锉削的工具(Tool of filing)

锉削的工具主要是锉刀。

1. 锉刀的材料及构造

锉刀常用碳素工具钢 T10、T12 制成，并经热处理淬硬到 62～67HRC。锉刀由锉面、锉边和锉柄等部分组成，如图 5-23 所示。锉刀的大小以锉刀面的工作长度来表示。锉刀的锉齿是在剁锉机上剁出来的。

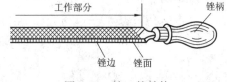

工作部分　　　锉柄

锉边　锉面

图 5-23　锉刀的结构

2. 锉刀的种类

锉刀按用途不同分为普通锉(或称钳工锉)、特种锉和整形锉(或称什锦锉)三类。其中普通锉使用最多，如图 5-24 所示。

普通锉按截面形状不同分为平锉、方锉、圆锉、半圆锉和三角锉 5 种；按其长度可分为 100 mm、200 mm、250 mm、300 mm、350 mm 和 400 mm 等 7 种；按其齿纹可分为单齿纹和双齿纹；按其齿纹疏密可分为：粗锉、细锉和油光锉等(锉刀的粗细以每 10 mm 长的齿面上锉齿的齿数来表示，粗锉为 4～12 齿，细锉为 13～24 齿，油光锉为 30～36 齿)。

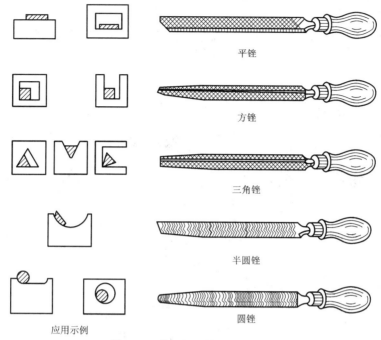

平锉

方锉

三角锉

半圆锉

圆锉

应用示例

图 5-24 普通锉刀的种类和用途

3．锉刀的选用

一般选择锉刀的原则是：根据工件形状和加工面的大小选择锉刀的形状和规格；根据加工材料的软硬、加工余量、精度和表面粗糙度的要求选择锉刀的粗细。粗锉刀的齿距大，不易堵塞，适宜于粗加工(即加工余量大、精度等级和表面质量要求低)及加工铜、铝等软金属。细锉刀适宜加工钢和铸铁等金属材料。油光锉只用于精加工，即最后表面的修光。

5.4.2 锉削的操作(Filing operation)

1．装夹工件

在进行锉削前，工件必须牢固地夹在虎钳钳口的中部，需锉削的表面应略高于钳口，但不能高得太多。夹持已加工表面时，应在钳口与工件之间垫以铜片或铝片。

2．锉刀的握法

锉刀的握法如图 5-25 所示。右手握锉柄，左手压锉，正确握持锉刀有助于提高锉削质量。人的站立姿势：左腿弯曲在前，右腿伸直在后，身体向前倾斜(约 10°)，重心落在左腿上。锉削时，两腿站稳不动，靠左膝的屈伸使身体做往复运动，手臂和身体的运动要相互配合，并要充分利用锉刀(全长)。

(1) 大锉刀的握法：右手心抵着锉刀木柄的端头，大拇指放在锉刀木柄的上面，其余四指弯在木柄的下面，配合大拇指捏住锉刀木柄；根据锉刀的大小和用力的轻重，左手可有多种姿势。

(2) 中锉刀的握法：右手握法大致和大锉刀握法相同，左手用大拇指和食指捏住锉刀的前端。

(3) 小锉刀的握法：右手食指伸直，拇指放在锉刀木柄上面，食指靠在锉刀的刀边，左手几个手指压在锉刀中部。

(4) 更小锉刀(什锦锉)的握法：一般只用右手拿着锉刀，食指放在锉刀上面，拇指放在锉刀的左侧。

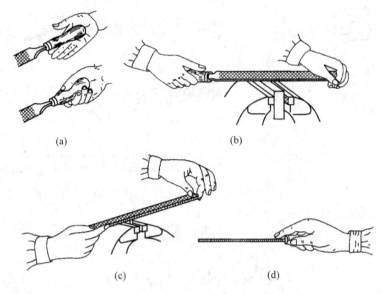

图 5-25　锉刀的握法

(a) 右手握法；(b) 大锉刀两手握法；(c) 中锉刀两手握法；(d) 小锉刀握法

3．锉削力的运用

锉削时，锉刀的平直运动是锉削的关键。锉削力有水平推力和垂直压力两种。推力主要由右手控制，其大小必须大于锉削阻力才能锉去切屑；压力是由两个手控制的，其作用是使锉齿深入金属表面。由于锉刀两端伸出工件的长度随时都在变化，两手压力的大小必须随着变化，使两手的压力对工件的力矩相等，这是保证锉刀平直运动的关键。锉刀运动不平直，工件中间就会产生凸起或鼓形面。锉削速度一般为每分钟 30～60 次，太快，操作者容易疲劳，且锉齿易磨钝；太慢，切削效率降低。锉削施力的变化如图 5-26 所示。

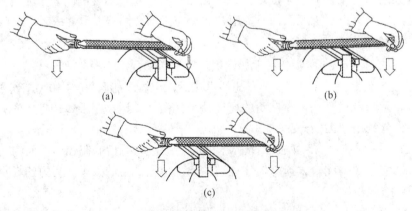

图 5-26　锉削施力的变化

(a) 起始位置；(b) 中间位置；(c) 终了位置

4．平面锉削

平面锉削是最基本的锉削操作方法。平面锉销常用的锉削方法有三种，如图 5-27 所示。

(1) 顺向锉法：锉刀沿着工件表面横向或纵向移动，锉削平面可得到平直的锉痕，比较美观，适用于工件锉光、锉平或锉顺锉纹。

(2) 交叉锉法：锉刀以交叉的两个方向顺序地对工件进行锉削，先沿一个方向锉一层，然后再转 90°锉平。由于锉痕是交叉的，容易判断锉削表面的不平程度，也容易把表面锉平。交叉锉法切削效率高、去屑快，适用于平面的粗锉。

(3) 推锉法：两手对称地握着锉刀，用两大拇指推锉刀进行锉削。这种方式适用于较窄表面且已锉平、加工余量较小的情况，用来修正和减少表面粗糙度。

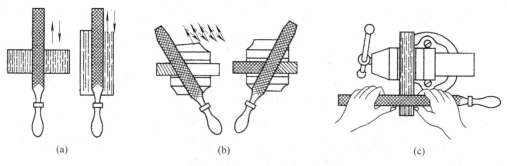

图 5-27 平面锉削方法

(a) 顺向锉；(b) 交叉锉；(c) 推锉

5．曲面锉削

曲面是由各种不同的曲线形面所组成的，但最基本的曲面还是单一的内、外圆弧面。其锉削方法常见的是滚锉法，如图 5-28 所示。锉削外圆弧面时，锉刀除向前运动外，同时还要沿被加工圆弧面摆动；锉削内圆弧面时，锉刀除向前运动外，锉刀本身还要做一定的旋转和向左或向右的移动。

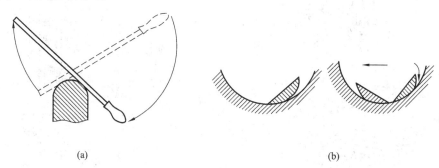

图 5-28 圆弧面的锉削方法(滚锉法)

(a) 锉削外圆弧面；(b) 锉削内圆弧面

5.5 钻孔、扩孔和铰孔(Hole drilling, expanding and reaming)

各种零件中孔的加工，除去一部分由车、镗、铣等机床完成外，很大一部分是由钳工利用钻床和钻孔工具(钻头、扩孔钻、铰刀等)完成的。

钳工加工孔的方法一般指钻孔、扩孔和铰孔。

5.5.1 钻床(Drilling machine)

在钻床上钻孔时,一般情况下,钻头应同时完成两个运动:主运动,即钻头绕轴线的旋转运动(切削运动);辅助运动,即钻头沿着轴线方向对着工件的直线运动(进给运动)。钻孔时,主要是钻头结构上存在的缺点影响了加工质量,加工精度一般在 IT10 级以下,表面粗糙度为 12.5 μm 左右,属粗加工。

钻孔时常用的钻床有台式钻床、立式钻床和摇臂钻床三种,手电钻也是常用的钻孔工具。

1. 台式钻床

台式钻床(如图 5-29 所示)是一种放在工作台上使用的小型钻床,简称台钻。其钻孔直径一般在 12 mm 以下,最小可加工小于 1 mm 的孔。台钻主轴下端有锥孔,用以安装钻夹头或钻套。由于加工的孔径较小,台钻的主轴转速一般较高,最高转速可高达 10 000 r/min,最低亦在 400 r/min 左右。主轴的转速可用改变三角胶带在带轮上的位置来调节。台钻的主轴进给由转动进给手柄来实现。在进行钻孔前,需根据工件高低调整好工作台与主轴架间的距离,并将工件锁紧固定。台钻小巧灵活,使用方便,结构简单,主要用于加工小型工件上的各种小孔,在仪表制造、钳工和装配中用得较多。

2. 立式台钻

立式钻床(如图 5-30 所示),简称立钻,一般用来钻中型工件上的孔。它的规格是以其所能加工的最大孔径来表示的,常用的规格有 35 mm、40 mm 和 50 mm 等几种。

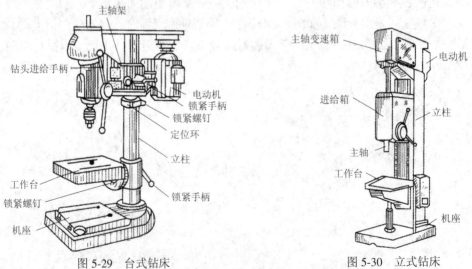

图 5-29 台式钻床   图 5-30 立式钻床

立式钻床主要由主轴、主轴变速箱、进给箱、立柱、工作台和机座等部分组成。主轴变速箱和进给箱分别用于改变主轴的转速和进给速度。立钻主轴的轴向运动可自动进给,也可做手动进给。在立钻上加工多孔工件可通过移动工件来完成。

3. 摇臂钻床

摇臂钻床(如图 5-31 所示)一般用于大型工件、多孔工件上的大、中、小孔的加工,广泛用于单件和成批生产中。它有一个能绕立柱旋转 360° 的摇臂，摇臂上装有主轴箱，可随摇臂一起沿立柱上下移动，并能在摇臂上做横向移动。主轴可沿自身轴线垂向移动或进给，从而方便地将刀具调整到所需的位置对工件进行加工，以对准被加工孔的中心，而不需要移动工件来进行加工，比起在立钻上加工方便得多。

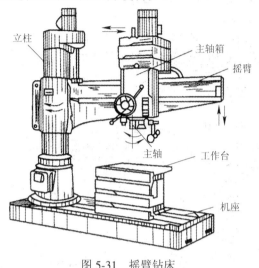

图 5-31　摇臂钻床

4．手电钻

手电钻主要用于不便使用钻床的场合，一般用来钻直径在 12 mm 以下的孔。手电钻的电源有 220 V 和 380 V 两种，它携带方便，操作简单，使用灵活，应用较广泛。

5.5.2　钻孔(Hole drilling)

用钻头在实心工件上加工出孔的方法称钻孔。钻孔的加工精度差，一般为 IT10 以下，表面粗糙度为 6.3～12.5 μm。

钻头(俗称麻花钻)是钻孔的主要刀具，由工作部分、颈部和柄部(尾部)组成，如图 5-32(a)所示。

柄部是钻头的夹持部分，用于传递扭矩和轴向力。柄部有直柄和锥柄两种，直柄传递的扭矩较小，一般用于直径小于 12 mm 的钻头；锥柄传递的扭矩较大，用于直径大于 12 mm 的钻头。锥柄顶端的扁尾可防止钻头在主轴孔或钻套里转动，并可作为把钻头从主轴孔或钻套中退出之用。

颈部是供磨削柄部时砂轮退刀用。另外，颈部还用于刻印钻头规格和商标等铭记。

工作部分包括切削和导向两部分。切削部分由前刀面、主后刀面、副后刀面、主切削刃、副切削刃和横刃等组成，如图 5-32(b)所示。导向部分除在钻孔时引导方向外，又是切削部分的后备部分。导向部分有两条狭长、螺纹形状的刃带(棱边亦即副切削刃)和螺旋槽。棱边的作用是引导钻头和修光孔壁；两条对称螺旋槽的作用是排除切屑和输送切削液(冷却液)。切削部分有两条主切削刃和一条横刃。钻头的直径由切削部分向柄部逐渐减小，呈倒锥形。两条主切削刃之间角度通常为 118°±2°，称为顶角。横刃的存在使钻削的轴向力增加。

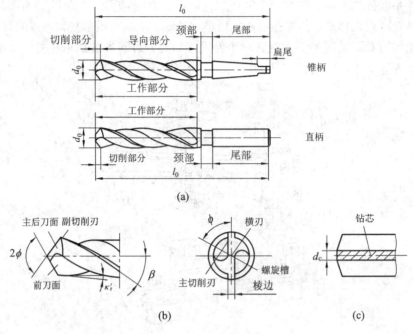

图 5-32　麻花钻的构造

5.5.3　钻孔用的夹具(Drilling fixture)

钻孔用的夹具主要包括装夹钻头的夹具和装夹工件的夹具。

1. 装夹钻头的夹具

装夹钻头常用的夹具是钻夹头和钻套。钻夹头(如图 5-33 所示)用于装夹直柄钻头，钻夹头尾部是圆锥面，可装在钻床主轴内的锥孔里。钻夹头的头部有三个自动定心的卡爪，通过扳手可使三个卡爪同时合拢或张开，起到夹紧和松开钻头的作用。锥柄钻头柄部尺寸较小时，可借助于过渡套筒进行安装(如图 5-34 所示)。若用一个钻套(也称变锥套)仍不适宜，可用两个以上的钻套作过渡连接。钻套有 5 种规格(1～5 号)，例如 1 号钻套内锥孔为 1 号莫氏锥度，而外锥面为 2 号莫氏锥度。选用时可根据麻花钻锥柄及钻床内的锥孔锥度来选择。

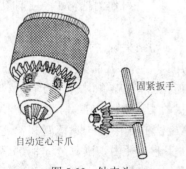

图 5-33　钻夹头

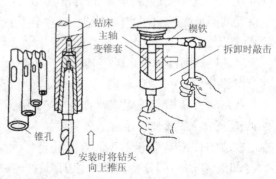

图 5-34　用变锥套安装与拆卸钻头

2．装夹工件的夹具

常用的装夹工件的夹具有手虎钳、V 形铁、平口钳、压板等，如图 5-35 所示。薄壁小件可用手虎钳夹持；中、小型平整工件可用平口钳夹持；大件可用压板和螺栓直接装夹在钻床工作台上。在成批、大量生产中，为了提高孔的加工精度和生产率，广泛地采用钻模钻孔，如图 5-36 所示。

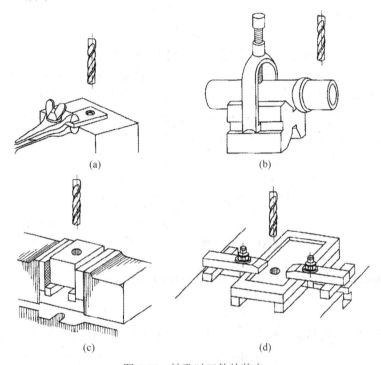

图 5-35　钻孔时工件的装夹

(a) 手虎钳装夹；(b) V 形铁装夹；(c) 平口钳上装夹；(d) 压板螺栓装夹

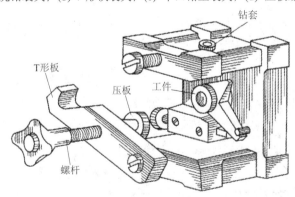

图 5-36　钻模钻孔

5.5.4　钻孔操作(Operation of drilling hole)

钻孔操作中应注意以下几点：

(1) 工件划线定心。划出加工圆并检查，在加工圆和孔中心打出样冲眼。孔的中心眼要打得大一些，这样起钻时不易偏离中心。

(2) 工件安装。根据工件确定装夹工具，装夹时要使孔中心线与钻床工作台垂直，安装要稳固。

(3) 选择钻头。根据孔径选取，并检查主切削刃是否锋利和对称。

(4) 选择切削用量。根据工件材料、孔径大小等确定钻速和进给量。

(5) 先对准样冲眼钻一浅孔，如有偏位，可用样冲重新打中心孔纠正或用錾子錾几条槽来纠正。

(6) 钻孔时，进给速度要均匀，钻塑性材料要加切削液。

(7) 钻盲孔时，要根据钻孔深度调整好钻床上的挡块，采用深度标尺或其他控制钻孔深度的办法，避免孔钻得过浅或过深；钻深孔时(孔深与直径之比大于5)，钻头必须经常退出排屑，防止切屑堵塞、卡断钻头或钻头头部温度过高而烧损；钻大直径孔(孔径大于30 mm)时，孔应分两次钻出，第一次用0.6～0.8倍孔径的钻头钻孔，第二次再用所需直径的钻头扩孔，这样可以减小钻削时的轴向力。孔将钻穿时，要减小进给量，如果是自动进给，这时要改成手动进给，以免工件旋转而甩出、卡钻或折断钻头。

(8) 松、紧钻夹头必须用扳手，不准用手锤或其他东西敲打。

(9) 注意安全。钻孔时不准戴手套，不准手拿棉纱头等物。钻床主轴未停稳前不准用手去捏钻夹头。不准用手去拉切屑或用口去吹碎屑。清除切屑应在停车后用钩子或刷子进行。

5.5.5 扩孔和铰孔(Hole expanding and reaming)

1．扩孔

用扩孔钻将已有孔(铸出、锻出或钻出的孔)扩大的加工方法称为扩孔，如图5-37所示。扩孔的加工精度一般可达到IT9～IT10，表面粗糙度为3.2～6.3 μm。

扩孔钻如图5-38所示，其形状和钻头相似，但前端为平面，无横刃，有3～4条切削刃，螺旋槽较浅，钻芯粗大，刚性好，扩孔时不易弯曲，导向性好，切削稳定。扩孔可以适当地校正孔轴线的偏差，获得较正确的几何形状和较低的表面粗糙度，可以作为孔加工的最后工序或铰孔前的准备工序。

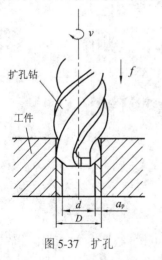

图 5-37　扩孔

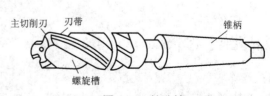

图 5-38　扩孔钻

2. 铰孔

铰孔是对工件上的已有孔进行精加工的一种加工方法,如图 5-39(a)所示。铰孔的加工余量小,加工精度一般可达到 IT7~IT8,表面粗糙度为 0.8~1.6 μm。

铰孔用的刀具称为铰刀,铰刀的切削刃有 6~12 个,容屑槽较浅,横截面大,因此铰刀的刚性和导向性好。铰刀有手用和机用两种。手用铰刀柄部是直柄带方榫,机用铰刀的锥柄带扁尾,如图 5-39(b)所示。手工铰孔时,将铰刀的方榫夹在铰杠的方孔内,转动铰杠带动铰刀旋转进行铰孔。

铰杠是用来夹持手用铰刀的工具,常用的有固定式和活动式两种。活动式铰杠可以通过转动左边手柄或螺钉来调节方孔的大小,以实现各种尺寸的手用铰刀的夹紧。

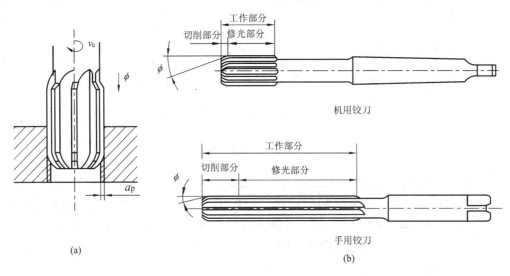

图 5-39 铰刀和铰孔

(a) 铰孔及其运动;(b) 铰刀

5.6 攻螺纹和套螺纹(Tapping and thread die cutting)

攻螺纹(亦称攻丝)是指用丝锥在工件内圆柱面上加工出内螺纹;套螺纹(或称套丝、套扣)是指用板牙在圆柱杆上加工外螺纹。

由于连接螺钉和紧固螺钉已经标准化,在钳工的螺纹加工中以攻螺纹最常见。

5.6.1 攻螺纹(Tapping)

1. 丝锥和铰杠

丝锥是加工内螺纹的标准刀具,如图 5-40 所示。它是一段开槽的外螺纹,由工作部分和柄部组成。柄部带有方头榫,可以与铰杠配合传递扭矩。工作部分由切削和校准两部分组成。切削部分主要起切削作用,其顶部磨成圆锥形,可以使切削负荷由若干个刀齿分担。校准部分有完整的齿形,用以校准和修光切出的螺纹,并引导丝锥沿轴向运动。丝锥上有 3~4 条容屑槽,起容屑和排屑作用。通常 M6~M24 的丝锥一组有两个,分别称为头锥和二锥；M6 以下及 M24 以上的手用丝锥一组有三个，分别称为头锥、二锥和三锥。这样分组是由于小丝锥强度不高，容易折断；大丝锥切削量大，需要几次逐步切削，减小了切削力。每组丝锥的外径、中径和内径相同，只是切削部分的长度 L_1 和锥角 α_1 不同，头锥 L_1 稍长，锥角 α_1 较小；二锥 L_1 稍短，锥角 α_1 较大。

铰杠是加工内螺纹的辅助工具，常用的是可调式铰杠(如图 5-41 所示)，转动右边手柄或调节螺钉即可调节方孔的大小，以便夹持各种不同尺寸的丝锥方头。

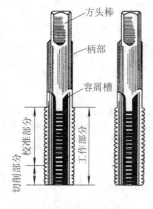

图 5-40　丝锥

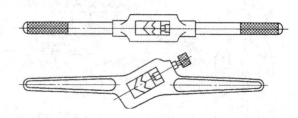

图 5-41　可调式铰杠

2. 螺纹底孔直径和深度的确定

攻丝前需要钻孔。用丝锥攻丝时，除了有切削金属的作用外，还有挤压金属的作用，材料塑性越大，挤压作用越明显。被挤出的金属嵌入丝锥刀齿间，甚至会接触到丝锥内径将丝锥卡住，因此螺纹底孔的直径应大于螺纹标准规定的螺纹内径。螺纹底孔直径 d_0 可用下列经验公式计算确定。

钢材及其他塑性材料：

$$d_0 \approx D - p$$

铸铁及其他脆性材料

$$d_0 \approx D - (1.05 \sim 1.1)p$$

式中：d_0——底孔直径(mm)；

　　D——螺纹公称直径(mm)；

　　p——螺距(mm)。

攻盲孔(不通孔)时，由于丝锥顶部带有锥度，使螺纹孔底部不能形成完整的螺纹，为了得到所需的螺纹长度，钻孔深度 h 应大于螺纹长度 L，可按下列公式计算：

$$h = L + 0.7D$$

式中：h——钻孔深度(mm)；

　　L——所需螺纹长度(mm)；

　　D——螺纹公称直径(mm)。

3. 攻螺纹操作

攻螺纹前，要确定螺纹底孔直径，选用合适的钻头钻孔，并用较大的钻头将螺纹底孔口倒角，以便于丝锥切入工件，防止孔口产生毛边和崩裂。

用头锥攻螺纹时，将头锥垂直放入螺纹底孔内，右手握铰杠中间，并用食指和中指夹住丝锥，适当加些压力，左手则握住丝锥柄沿顺时针转动，待切入工件 1~2 圈后，目测或用直角尺校正丝锥是否垂直，然后继续转动，直至丝锥切削部分完全切入底孔后，再用两手平稳地转动铰杠，不再加压，而旋到底，如图 5-42 所示。丝锥每转 1 圈应反转 1/4 圈，以便于断屑。头锥攻丝完后退出，用二锥和三锥攻丝时，应先用手将丝锥旋入螺孔，再用铰杠转动，此时不需加压，直到完毕。

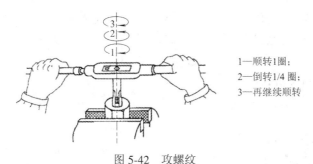

1—顺转1圈；
2—倒转1/4 圈；
3—再继续顺转

图 5-42　攻螺纹

攻丝时，要用切削液润滑，以减少摩擦，延长丝锥寿命，并能提高螺纹的加工质量。工件材料为塑性时，加机油；工件材料为脆性时，加煤油。

5.6.2　套螺纹(Thread die cutting)

1．板牙和板牙架

板牙是加工外螺纹的刀具，有固定的和开缝的两种。其结构形状像圆螺母，由切削部分、校正部分和排屑孔组成。板牙两端是带有 60° 锥度的切削部分，起切削作用。板牙中间一段是校正部分，起修光和导向作用。板牙的外圆有一条 V 形槽和四个锥坑，下面两个锥坑通过紧固螺钉将板牙固定在板牙架上，用来传递扭矩带动板牙转动，如图 5-43 所示。板牙一端切削部分磨损后可翻转使用另一端。当板牙校正部分磨损使螺纹尺寸超出公差时，可用锯片砂轮沿板牙 V 形槽将板牙锯开，利用上面两个锥坑，靠板牙架上的两个调整螺钉将板牙缩小。

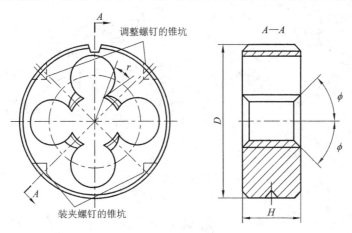

图 5-43　板牙

板牙架是装夹板牙并带动板牙旋转的工具，如图 5-44 所示。

图 5-44　板牙架

2．圆杆直径的确定

套丝前，应先确定圆杆直径的大小，直径太大，板牙不易套入；直径太小，套丝后螺纹牙型不完整。圆杆直径可按以下经验公式计算：

$$d_0 = D - 0.13p$$

式中：d_0——圆杆直径(mm)；

　　　D ——螺纹公称直径(mm)；

　　　p ——螺距(mm)。

3．套螺纹操作

套螺纹时，要先确定圆杆直径，将圆杆端部倒 15°～20° 的倒角，使板牙容易对准中心和切入，如图 5-45(a)所示。

套螺纹时将板牙端面垂直放入圆杆顶端。为使板牙顺利切入工件，开始时施加的压力要大，转动要慢。套入几牙后，可只转动板牙架，不再加压，但要经常反转来断屑，如图 5-45(b)所示。套丝部分离钳口应尽量近些，圆杆要夹紧。为了不损坏圆杆上的已加工表面，可用硬木或铜片作衬垫。在钢制件上套丝还需加切削液冷却润滑，以提高螺纹的加工质量和延长板牙的寿命。

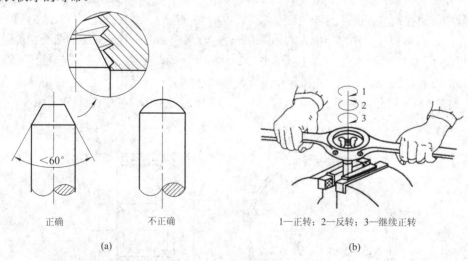

正确　　　　　　不正确　　　　　　　　1—正转；2—反转；3—继续正转

(a)　　　　　　　　　　　　　　　　　　(b)

图 5-45　套螺纹

(a) 工件倒角；(b) 套螺纹

5.7　刮 削(Scraping)

用刮刀从工件表面刮去一层极薄的金属称为刮削。刮削时，刮刀对工件既有切削作用，又有压光作用。刮削能够消除机械加工留下的刀痕和微观不平，提高工件的表面质量，还可以使工件表面形成存油间隙，减少摩擦阻力，提高工件的耐磨性，并获得美观的工件表面。刮削属于一种精加工方法，表面粗糙度可达到 0.4～1.6 μm，常用于加工零件相配合的滑动表面，例如机床导轨、滑动轴承、钳工划线平台等，并且在机械制造，工具、量具制造或修理中占有重要地位。刮削劳动强度大，生产率低，一般用于难以磨削加工的场合。

刮刀是刮削用的刀具，一般用碳素工具钢或轴承钢锻制而成。刮削硬工件时可用焊有硬质合金刀头的刮刀。刮刀有平面刮刀和曲面刮刀两种，由此便有了平面刮削和曲面刮削。

5.7.1 平面刮削(Scraping plane)

平面刮削常采用手刮式，右手握刀柄，左手捏住刮刀头部约 50 mm 处，刮刀与刮削平面成 25°～30°角。刮削时，右臂将刮刀推向前，左手加压同时控制刮刀方向，到所需长度后提起刮刀，如图 5-46 所示。

平面刮削一般分为粗刮、细刮、精刮和刮花等。工件表面较粗糙、有锈斑或余量较大时应进行粗刮。粗刮用长刮刀，施加的压力较大，将表面全部刮一遍，刮削行程较长，刮去的金属多。粗刮所用刮刀的运动方向与工件表面原加工方向呈 45°角，交叉进行，直至刀痕全部刮除为止，再用研点检查。

图 5-46 平面刮削

研点检验时，先将校准工具(包括校准平板、桥式直尺、工字形直尺和角度直尺等)和工件的刮削表面揩干净，然后在校准工具上均匀涂一层红丹油，再将工件的刮削表面与校准工具配研。配研后，工件表面上的高点子因红丹油被磨去而显示出亮点即为研合点。这种显示研合点的方法称为"研点"。在工件表面达每 25 mm × 25 mm 有 4～5 个研合点时，进入细刮。

细刮用短刮刀，刮削刀痕短，不连续，每次都要刮在点子上。点子越少，刮去的金属应越多，且朝一个方向刮。刮第二遍时，要成 40°或 60°方向交叉刮成网纹，直到每 25 mm × 25 mm 有 12～15 点后进行精刮。

精刮是用小刮刀或带圆弧的精刮刀将大而宽的点子全部刮去，中等点子的中间刮去一小块，小点子不刮。经过反复刮削和研点，直到每 25 mm × 25 mm 有 20～25 点为止。精刮主要用于加工校准工具、精密导轨面、精密工具的接触面等。

刮花使工件表面美观和具有良好的润滑作用，还可根据花纹的完整和消失来判断平面的磨损情况。常见的花纹有三角花纹、方块花纹和燕子花纹等。

5.7.2 曲面刮削(Scraping curved surface)

配合度要求较高的滑动轴承的轴瓦，为了获得良好的配合，需要进行曲面刮削。刮削轴瓦用三角刮刀，先在轴上涂一层蓝油，再与轴瓦配研，如图 5-47 所示，先正转后反转，并做适当的轴向移动。在轴瓦上研出点子后，再按平面刮削的步骤刮削轴瓦。

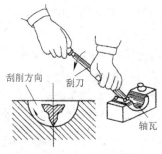

图 5-47 曲面刮削

5.8 装配与拆卸(Assembly and disassembly)

5.8.1 装配及联接的方法(Assembly and connecting method)

机器是由许多零件组成的,将零件按照规定的技术要求装在一起成为一个合格产品的过程称为装配。一台复杂的机器往往是先以某一个零件为基准零件,将若干个其他零件装在它上面构成"组件",然后将几个组件和零件装在另一个基准零件上面构成"部件",最后将几个部件、组件和零件一起装在产品的基准零件上面构成。

1. 装配方法

常用的装配方法主要有以下几种:

(1) 完全互换法:装配时在同类零件中任取一个零件,不需修配即可用来装配,且能达到规定的装配要求。装配精度由零件的制造精度保证。完全互换法的装配特点是装配操作简便,生产率高,容易确定装配时间,有利于组织流水装配线,零件磨损后调换方便,但零件加工精度要求高,制造费用高,适用于组成件数少,精度要求不高或大批量生产的机器。

(2) 选配法:将零件的制造公差放大到经济可行的程度,并按公差范围分成若干组,然后与对应的各组配件进行装配,以达到规定的配合要求。选配法的特点是零件制造公差放大后会降低加工成本,但增加了零件的分组时间,可能造成分组内零件不配套,适用于精度高、配合件的组成数少的装配或成批生产。

(3) 修配法:装配时,根据实际测量的结果用修配方法改变某个配合零件的尺寸来达到规定的装配精度。如图 5-48 所示的车床两顶尖不等高,相差 ΔA 时,通过修刮尾座底板一定量 ΔA 后,可达到精度要求($\Delta A = A_1 - A_2$)。修配法可使零件加工精度相应降低,减少零件的加工时间,降低产品的制造成本,适用于单件、小批生产。

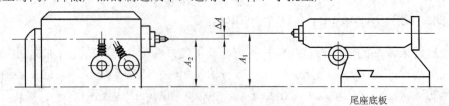

图 5-48 修配法

(4) 调整法：装配时，通过调整某一个零件或几个零件的位置或尺寸来达到装配要求，如采用改变衬套位置、用不同尺寸的垫片等方式达到规定的间隙。采用调整法装配时，零件不需要任何修配加工，只需通过调整零件位置或尺寸就可以达到较高的装配精度，故在成批或单件生产中均可采用。调整法特别适用于由于磨损引起配合间隙变化而需要恢复精度的地方。

2．装配的联接方法

装配时按照零件相互联接的不同要求，联接方法可分为固定联接和活动联接。固定联接的零件间没有相对运动；活动联接的零件间在工作时能按规定的要求做相对运动。按联接后能否拆卸，联接方法又可分为可拆联接和不可拆联接两种。可拆联接在拆卸时不损坏联接零件，例如，螺纹、键、轴和滑动轴承等的联接；而不可拆联接拆卸时往往比较困难，并且会使其中一个或几个零件遭到损坏，再装时就不能使用，例如，焊接、压合和各种活动连接的铆合头等联接。

5.8.2　装配示例(Assembly example)

1．减速箱组件的装配

图 5-49 为减速箱组件的装配示意图。减速箱装配的顺序如下：配键(将键装入轴上的键槽内)；压装齿轮(键装入齿轮毂中，实现轴与齿轮的联接)；大轴右端装入垫圈，压装右轴承；压装左轴承；毡圈放进透盖槽中，将透盖装在轴上。

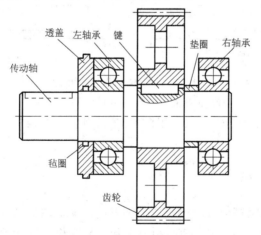

图 5-49　减速箱组件的装配

2．滚珠轴承的装配

在机械产品中，滚珠轴承广泛用于旋转件(如传动轴)和静支承件(如箱体、支架)之间的联接。滚珠轴承常用的装配方法有以下几种：

(1) 冷压法：常用压力机或手锤施力。为了使轴承圈受力均匀，需采用垫套加压。轴承压到轴颈上时，应通过套筒施力于内圈端面(如图 5-50(a)所示)；轴承压到轴承孔中，应施力于外圈端面(如图 5-50(b)所示)；当轴承同时压到轴颈和轴承孔中时，则内、外圈端面应同时加力(如图 5-50(c)所示)。

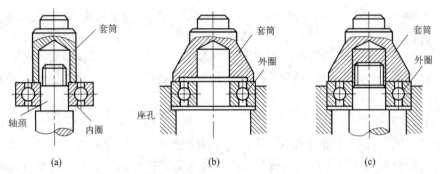

图 5-50 压配轴承时的套筒衬垫

(a) 内圈—轴颈的装配；(b) 外圈—轴承孔的装配；(c) 内外圈同时压入轴颈与轴承孔

(2) 热压法：当轴承与轴颈间采用较大过盈配合，用冷压法难于压装时，或需要换大吨位压力机才能进行冷压装配时，可将轴承吊在 80～90℃ 的油中加热，使其内孔尺寸膨胀(如图 5-51 所示)，然后趁热将其迅速地压入轴颈中，故又叫热套。

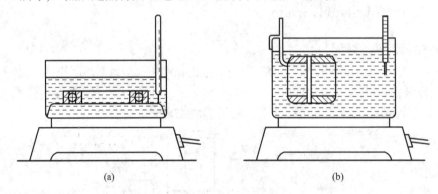

图 5-51 轴承在油浴中加热

(a) 在网格上加热；(b) 在吊钩上加热

(3) 冷缩法：将轴在干冰(固态 CO_2)或液氮中冷却，使其尺寸缩小后，迅速压入轴承中的方法，又叫冷配。

5.8.3 拆卸(Disassembly)

机器长期使用后，某些零件会产生磨损和变形，使机器的精度下降，此时就需对机器进行检查和修理。修理时要对机器进行拆卸工作，拆卸机器前应熟悉图纸，了解机器部件的结构，确定拆卸方法，防止乱敲、乱拆造成零件损坏。拆卸还要正确地去除零件间的相互联接。因此拆卸工作应按照与装配相反的顺序来进行，先装的零件应后拆，后装的零件应先拆。一般是按先外后内，先上后下的顺序进行拆卸。拆卸时，应尽量使用专用工具，以防损坏零件，直接敲击零件时，不能用铁锤，可用铜锤或木锤。

滚珠轴承的拆卸方法与其结构有关，一般可采用拉、压、敲击等方法进行。对于小零件，如销、止动螺钉等，拆下后应立即拧上或插入孔中，避免丢失。对于丝杠、长轴等零件，应用布包好，并用铁丝等物将其吊起安置，防止弯曲变形和碰坏。拆卸螺纹联接的零件还必须辨别螺纹旋向。

思考与练习(Thinking and exercise)

1. 划线有什么作用？常用的划线工具有哪些？
2. 什么是划线基准？如何选择划线基准？
3. 如何选择锯条？安装锯条时应注意什么？
4. 锯圆管和薄壁件时，为什么容易断齿？应怎样锯削？
5. 如何选择粗、细齿锉刀？
6. 台钻、立钻和摇臂钻床的结构和用途有何不同？

第 6 章

车削加工(Turning)

6.1 概述(Brief introduction)

车削加工是指在车床上利用工件的旋转和刀具的移动，从工件表面切除多余材料，使其成为符合一定形状、尺寸和表面质量要求的零件的一种切削加工方法。其中，工件的旋转为主运动，刀具的移动为进给运动。车削是切削加工中最基本、最常见的加工方法，生产中占有重要的地位，各类车床约占金属切削机床总数的一半。

车削加工的应用范围很广泛，适用于加工各种轴类、套筒类和盘类零件上的回转表面，如内圆柱面、圆锥面，环槽、成形回转表面、端面和各种常用螺纹等，如图 6-1 所示。

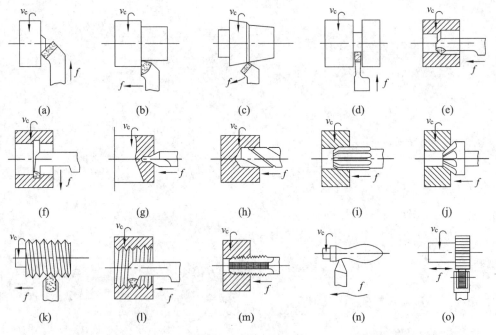

图 6-1　车床加工范围

由于车刀的角度不同和切削用量不同，车削的精度和表面粗糙度也不同。为了提高生产率及保证加工质量，车削分为粗车、半精车、精车和精细车。粗车的目的是从毛坯上切去大部分余量，为精车做准备。粗车时采用较大的背吃刀量 a_p、较大的进给量 f 以及中等或较低的切削速度 v_c，以达到高的生产率。粗车也可作为低精度表面的最终工序。粗车后的尺寸公差等级一般为IT13～IT11，表面粗糙度为50～12.5 μm。半精车的目的是提高精度和减小表面粗糙度，可作为中等精度外圆的终加工，亦可作为精加工外圆的预加工。半精车的背吃刀量和进给量较粗车时小。半精车后的尺寸公差等级可达IT10～IT9，表面粗糙度为6.3～3.2 μm。精车的目的是保证工件所要求的精度和表面粗糙度，作为较高精度外圆面的终加工，也可作为光整加工的预加工。精车一般采用小的背吃刀量($a_\mathrm{p} < 0.15$ mm)和进给量($f < 0.1$ mm/r)，可以采用高的或低的切削速度，以避免积屑瘤的形成。精车后的尺寸公差等级一般为IT8～IT7，表面粗糙度为1.6～0.8 μm。精细车一般用于技术要求高、韧性大的有色金属零件的加工。精细车所用机床应有很高的精度和刚度，多使用仔细刃磨过的金刚石刀具。车削时采用小的背吃刀量($a_\mathrm{p} \leqslant 0.03 \sim 0.05$ mm)、小的进给量($f = 0.02 \sim 0.2$ mm/r)和高的切削速度($v_\mathrm{c} > 2.6$ m/s)。精细车的尺寸公差等级可达IT6～IT5，表面粗糙度为0.4～0.1 μm。

6.2　车床(Lathe)

车床的种类很多，主要有普通车床、转塔车床、仪表车床、立式车床、多刀车床、自动及半自动车床、数控车床等，其中大部分为卧式车床。

下面主要介绍常用的C6132型卧式车床。

6.2.1　普通车床的组成和传动(Composition and transmission of common lathe)

1. C6132型卧式车床的组成

图6-2为C6132型卧式车床的示意图。床身上最大工件的回转直径为320 mm。C6132型车床的主轴箱只有一级变速，其主轴变速机构安放在远离主轴箱的单独变速箱中，以减少变速箱传动件的振动和热量对主轴的影响。

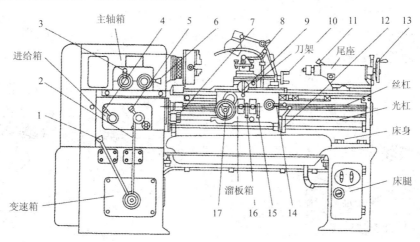

1—主轴变速短手柄；2—主轴变速长手柄；3—换向手柄；4、5—进给量调整手柄；6—主轴变速手柄；7—离合手柄；8—方刀架锁紧手柄；9—手动横向手柄；10—小滑板手柄；11—尾座套筒锁紧手柄；12—主轴启闭和变向手柄；13—尾座手轮；14—对开螺母手柄；15—横向自动手柄；16—纵向自动手柄；17—纵向手动手轮

图6-2　C6132型卧式车床

C6132型卧式车床由床身、主轴箱、进给箱、光杠、丝杠、溜板箱、刀架、尾座和床

腿等组成。

(1) 床身是车床的基础零件，用来支承和连接各主要部件并保证各部件之间有严格、正确的相对位置。床身上的导轨用以引导刀架和尾座相对于主轴箱进行正确的移动。床身的左右两端分别支承在左、右床腿上，床腿固定在地基上。左、右床腿中分别装有变速箱和电气箱。

(2) 主轴箱内装主轴和主轴变速机构。电动机的运动经 V 形带传动传给主轴箱，通过变速机构使主轴得到不同的转速。主轴又通过传动齿轮带动配换齿轮旋转，将运动传给进给箱。主轴为空心结构，前部外锥面用于安装夹持工件的附件(如卡盘等)，前部内锥面用来安装顶尖，细长的通孔可穿入长棒料。

(3) 进给箱内装做进给运动的变速机构，可按所需要的进给量或螺距调整变速机构，改变进给速度。

(4) 光杠、丝杠用来将进给箱的运动传给溜板箱。光杠用于自动走刀车削除螺纹以外的表面，如外圆面、端面等，丝杠只用于车削螺纹。丝杠的传动精度比光杠高，光杠和丝杠不得同时使用。

(5) 溜板箱与大拖板连在一起，是车床进给运动的操纵箱。它可将光杠传来的旋转运动通过齿轮、齿条机构(或丝杠、螺母机构)变为车刀需要的纵向或横向的直线运动，也可操纵对开螺母，由丝杠带动刀架车削螺纹。

(6) 刀架用来夹持车刀使其做纵向、横向或斜向进给运动，由大拖板(又称大刀架)、中滑板(又称中刀架、横刀架)、转盘、小滑板(又称小刀架)和方刀架组成，如图 6-3 所示。大拖板与溜板箱连接，带动车刀沿床身导轨做纵向移动。中滑板沿大拖板上面的导轨做横向移动。转盘用螺栓与中滑板紧固在一起，松开螺母，可使其在水平面内扳转任意角度。小滑板沿转盘上的导轨可做短距离的移动。将转盘扳转某一角度后，小滑板便可带动车刀做相应的斜向移动。方刀架用于夹持车刀，可同时安装四把车刀。

(7) 尾座安装在车床导轨上，由底座、尾座体、套筒等部分组成，如图 6-4 所示。在尾座体的套筒内安装顶尖可用来支承工件，也可安装钻头、铰刀，在工件上钻孔和铰孔。

(8) 床腿用来支承床身，并与地基连接。

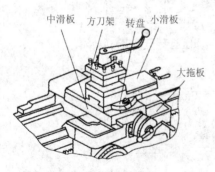

图 6-3　刀架的组成

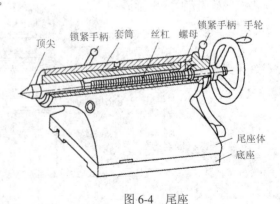

图 6-4　尾座

2. C6132 型卧式车床的传动系统

图 6-5 为 C6132 型卧式车床的传动系统。

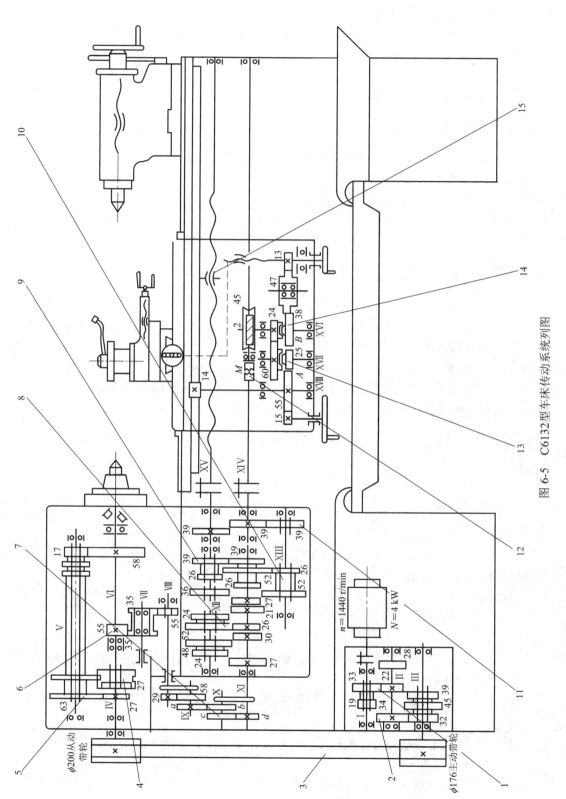

图 6-5　C6132型车床传动系统列图

C6132 型车床传动系统说明：

1——电动机轴通过联轴节与变速箱中的 I 轴相联，经 I 轴双联滑动齿轮传至 II 轴，速比分别为 $\frac{33}{22}$ 和 $\frac{19}{34}$。

2——变速箱 III 轴上的三联齿轮左移，齿轮 34 与齿轮 32 啮合；右移，齿轮 28 与齿轮 39 啮合；中间位置，齿轮 22 与齿轮 45 啮合，速比分别为 $\frac{34}{32}$、$\frac{28}{39}$ 和 $\frac{22}{45}$。

3—— I 轴有一种转速，II 轴有两种转速；III 轴有：$2 \times 3 = 6$ 种转速。经带轮 $\phi176/\phi200$ 传至主轴箱带轮轴 IV。

4——主轴上内齿轮联轴器 27 与 IV 轴上齿轮 27 啮合，运动直接传至主轴，使主轴得到 6 种较高的转速。

5—— V 轴上齿轮 63 与齿轮 27 啮合，齿轮 17 与主轴上齿轮 58 啮合，运动传至主轴，速比为 $\frac{27}{63} \times \frac{17}{58}$，使主轴获得较低的 6 种转速。

6——通过齿轮 55 使主运动与进给运动相联。VIII 轴齿轮上 55 左移，直接与 VI 轴齿轮 55 啮合；右移，与 VII 轴上过桥齿轮 35 啮合，可用来改变进给方向及车左、右旋螺纹。

7——配换齿轮 a、b、c、d 用来增加进给运动的级数，实际工作中根据不同的螺距或进给量，选用配换齿轮。

8—— XII 轴上滑动齿轮 24、48、52、24、36 分别与固定在 XI 轴上的齿轮 27、30、26、21、27 啮合，可以得到 5 种不同的转速。

9——左右移动 XII 轴上的滑动齿轮，可得两种速比 $\frac{26}{52}$ 和 $\frac{39}{39}$，使 XI 轴上的齿轮套转速倍增到 10 种。

10——左右移动 XIII 轴上的滑动齿轮，也可得两种速比 $\frac{26}{52}$ 和 $\frac{52}{26}$，又使转速种数倍增，XIII 轴有 $5 \times 2 \times 2 = 20$ 种转速。

11—— XIII 轴上齿轮 39 右移，与光杠上齿轮 39 啮合，则光杠转动，左移与丝杠上齿轮 39 啮合，则丝杠转动。

12——光杠上的端齿离合器 M 合上，螺杆带动蜗轮旋转，速比为 $\frac{2}{45}$。齿轮 24 和 60 随之转动。

13——合上锥形摩擦离合器 A，通过齿轮 25、55、14 和固定在床身上的齿条得到刀架的纵向进给运动。

14——合上锥形摩擦离合器 B，通过齿轮 38、47、13 及丝杠、螺母得到刀架的横向进给运动。

15——当闭合对开螺母时，丝杠带动溜板箱移动，以车制螺纹。

1) 主运动传动系统

C6132 型卧式车床主轴共有 12 种转速，分别是 45、66、94、120、173、248、360、530、750、958、1380、1980 r/min。

主轴的反转是由电动机的反转实现的。主运动传动路线如下：

$$\text{电动机} \rightarrow \text{I} \rightarrow \begin{Bmatrix} \dfrac{33}{22} \\[2mm] \dfrac{19}{34} \end{Bmatrix} \rightarrow \text{II} \rightarrow \begin{Bmatrix} \dfrac{34}{32} \\[1mm] \dfrac{28}{39} \\[1mm] \dfrac{22}{45} \end{Bmatrix} \rightarrow \text{III} \rightarrow \dfrac{\phi176}{\phi200} \rightarrow \text{IV} \rightarrow \begin{Bmatrix} \dfrac{27}{27} \\[2mm] \dfrac{27}{63} \end{Bmatrix} \quad \dfrac{17}{58} \Big\} \rightarrow \text{VI 主轴}$$

主轴转速公式：

$$n_{\text{主轴}} = n_{\text{电动机}} \cdot i_1 \cdot \frac{d_1}{d_2} \cdot \gamma \cdot i_2 \ (\text{r/min})$$

式中：$n_{\text{电动机}}$——电动机的转速，r/min；

i_1—— 变速箱齿轮的总传动比(速比)；

d_1、d_2—— 主、从动带轮直径；

γ—— 皮带的打滑系数(一般取 0.98)；

i_2—— 主轴箱齿轮的传动比。

按图中齿轮啮合的情况，主轴的传速为

$$n_{\text{主轴}} = 1440 \times \frac{33}{22} \times \frac{34}{32} \times \frac{176}{200} \times 0.98 \times \frac{27}{63} \times \frac{17}{58} = 248 \ (\text{r/min})$$

2) 进给运动传动系统

进给运动传动路线：

$$\text{主轴VI} \rightarrow \begin{Bmatrix} \dfrac{55}{55} \\[2mm] \dfrac{55}{35} \quad \dfrac{35}{55} \end{Bmatrix} \rightarrow \text{VIII} \rightarrow \dfrac{29}{58} \rightarrow \text{IX} \rightarrow \dfrac{a}{b} \cdot \dfrac{c}{d} \rightarrow \text{XI} \rightarrow \begin{Bmatrix} \dfrac{27}{24} \\ \dfrac{30}{48} \\ \dfrac{26}{52} \\ \dfrac{21}{24} \\ \dfrac{27}{36} \end{Bmatrix} \rightarrow \text{XII} \rightarrow \begin{Bmatrix} \dfrac{26}{52} \cdot \dfrac{26}{52} \\ \dfrac{39}{39} \cdot \dfrac{26}{52} \\ \dfrac{26}{52} \cdot \dfrac{52}{26} \\ \dfrac{39}{39} \cdot \dfrac{52}{26} \end{Bmatrix} \rightarrow$$

$$\text{XIII} \rightarrow \begin{cases} \dfrac{39}{39} \rightarrow \text{XV} \rightarrow \text{丝杠}(P=6) \rightarrow \text{闭合对开螺母，带动刀架纵向移动车螺纹} \\[4mm] \dfrac{39}{39} \rightarrow \text{XIV} \rightarrow \text{光杠} \rightarrow \dfrac{2}{45} \rightarrow \text{VI} \begin{cases} \dfrac{24}{60} \rightarrow \text{XVII} \rightarrow \text{离合器}A \rightarrow \dfrac{25}{55} \rightarrow \text{XVIII} \rightarrow \text{齿轮}(z=14, \ m=2) \\[2mm] \text{齿条} \rightarrow \text{纵向进给} \\[2mm] \text{离合器}B \rightarrow \dfrac{38}{47} \cdot \dfrac{47}{13} \rightarrow \text{丝杠}(P=4) \\[2mm] \text{螺母} \rightarrow \text{横向进给} \end{cases} \end{cases}$$

车床做一般进给时，刀架由光杠经过溜板箱中的传动机构来带动。对于每一组配换齿轮，C6132 型卧式车床的进给箱可变化 20 种不同的进给量，其进给量的范围是：

纵向进给量：

$$f_{纵} = 0.06 \sim 3.34 \text{ mm/r}$$

横向进给量：

$$f_{横} = 0.04 \sim 2.45 \text{ mm/min}$$

加工螺纹时，车刀的纵向进给运动由丝杠带动溜板箱上的对开螺母并拖动刀架来实现。

6.2.2 其他车床(Other lathe)

在生产上，除了使用普通卧式车床外，还使用转塔车床、立式车床、自动车床、数控车床等，以满足不同形状、不同尺寸和不同生产批量的零件的加工需要。

1. 转塔车床

转塔车床(如图 6-6 所示)的结构与卧式车床相似，但没有丝杠，并且由可转动的转塔刀架代替尾座。转塔刀架可以同时装夹六把(组)刀具，如钻头、铰刀、板牙以及装在特殊刀夹中的各种车刀，既能加工孔，又能加工外圆和螺纹。这些刀具要按零件的加工顺序装夹。转塔刀架每转 60° 就可以更换一把(组)刀具。四方刀架上亦可以装夹刀具进行切削。机床上设有定程挡块以控制刀具的行程，操作方便迅速。

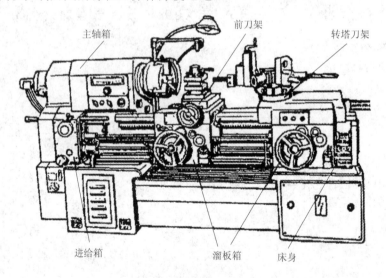

图 6-6 转塔式六角车床

2. 立式车床

立式车床分单柱式与双柱式两种，外形如图 6-7 所示。单柱式加工的工件直径一般小于 1600 mm，双柱式加工的工件直径一般大于 2000 mm，甚至可达 8000～10 000 mm。立式车床用于径向尺寸大、轴向尺寸相对较小的大型零件，如各种机架、壳体等，是汽轮机、重型发电机、矿山冶金等重型机械制造厂不可缺少的加工设备。

立式车床在结构上的主要特点是主轴处于垂直位置，并有一个直径很大的圆形工作台，用于安装工件，安装工件时，用的花盘或卡盘处于水平位置。在立式车床中，由于工作台面处于水平位置，因此工件的装夹、找正和夹紧都比较方便。

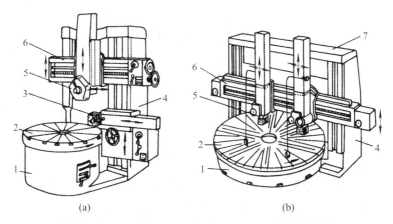

(a)　　　　　　　　　　　　(b)

1—底座；2—工作台；3—侧刀架；4—立柱；5—垂直刀架；6—横梁；7—顶梁

图 6-7　立式车床

(a) 单柱式立式车床；(b) 双柱式立式车床

　　在单柱式立式车床工作台的后侧立柱上装有横梁和一个横刀架，它们都能沿立柱上的导轨上、下移动。垂直刀架溜板可沿横梁左、右移动。溜板上有转盘，可以使刀具转成需要的角度，垂直刀架可做竖直或斜向进给，垂直刀架上的转塔有五个孔，可以装夹不同的刀具。旋转转塔，即可迅速、准确地更换刀具。利用垂直刀架可车内、外圆柱面，内、外圆锥面，端面，切槽等，还可以进行钻孔、扩孔和铰孔等加工。侧刀架上的四方刀台用以夹持刀具，并可沿立柱导轨和刀架滑座导轨做竖直或横向进给，完成车外圆、端面，切外沟槽和倒角等工作。

6.3　车刀及其安装(Turning tool and turning tool installation)

6.3.1　车刀的种类及用途(Category and application of turning tool)

　　车刀是各类金属切削刀具的基本形式。车削加工的内容不同，采用的车刀种类也不同。车刀的种类很多，按其结构可分为整体式、焊接式、机夹重磨式和机夹可转位式，如图 6-8

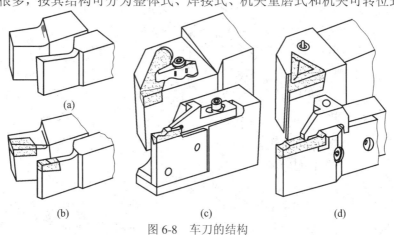

(a)　　　　　　　　　　(b)　　　　　　　　　　(c)　　　　　　　　　　(d)

图 6-8　车刀的结构

(a) 整体式；(b) 焊接式；(c) 机夹重磨式；(d) 机夹可转位式

所示；按形式可分为直头刀、弯头刀、尖头刀、圆弧刀、右偏刀和左偏刀等；根据用途可分为外圆车刀、端面车刀、螺纹车刀、镗孔车刀、切断车刀、螺纹车刀和成形车刀等。

生产中常用的车刀种类和用途如图 6-9 所示。

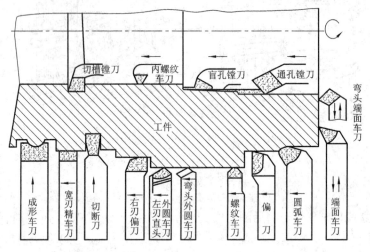

图 6-9　车刀的种类及用途

6.3.2　车刀的组成及选择(Composition and selection of turning tool)

1．车刀的组成

车刀由刀头和刀杆两部分组成。刀头直接参加切削工作，故又称切削部分。刀杆是用来将车刀夹持在刀架上的，故又称为夹持部分。

车刀的切削部分一般由三个刀面、两条切削刃和一个刀尖所组成(如图 6-10 所示)，它们分别是：

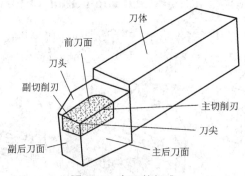

图 6-10　车刀的组成

(1) 前刀面：切屑流过的刀面。

(2) 主后刀面：与工件过渡表面相对的刀面。

(3) 副后刀面：与工件已加工表面相对的刀面。

(4) 主切削刃：前刀面与主后刀面相交的刀刃，担负主要的切削工作。

(5) 副切削刃：前刀面与副后刀面相交的刀刃，担负部分切削工作。

(6) 刀尖：主切削刃与副切削刃的相交处。为了增加刀尖的强度，通常将其磨成一小段圆弧或一小段直线，称为修圆刀尖或倒角刀尖。

2. 车刀的角度

刀具的几何形状，刀具的切削刃及前、后刀面的空间位置都是由刀具的几何角度所决定的。这里给定一组辅助平面作为标注、刃磨和测量车刀角度的基准，称为刀具静止参考系。它是由基面、主切削平面和正交平面三个相互垂直的平面所构成的，如图 6-11 所示。

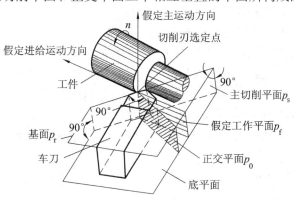

图 6-11　刀具静止参考系

(1) 基面：过切削刃选定点，垂直于该点假定主运动方向的平面，以 p_r 表示。对于车刀，基面一般为过切削刃选定点的水平面，平行于刀具安装的底平面。

(2) 切削平面：过切削刃选定点，与切削刃相切，并垂直于基面的平面，以 p_s 表示。

(3) 正交平面：过切削刃选定点，并同时垂直于基面和切削平面的平面，以 p_0 表示。

(4) 假定工作平面：过切削刃选定点，垂直于基面并平行于假定进给运动方向的平面，以 p_f 表示。

假定进给速度 $v_f = 0$，且主切削刃上选定点与工件旋转中心等高时，该点的基面正好是水平面，则该点的切削平面和正交平面都是铅垂面。

在刀具静止参考系内，车刀切削部分在辅助平面中的位置形成了车刀的几何角度。车刀的几何角度主要有前角 γ_0、后角 α_0、主偏角 κ_r、副偏角 κ_r' 和刃倾角 λ_s，如图 6-12 所示。

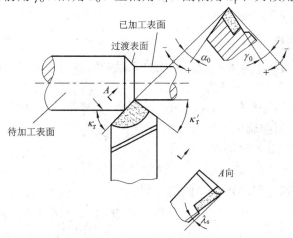

图 6-12　车刀的主要角度

(1) 前角 γ_0：在正交平面中测量的，是前刀面与基面的夹角。前角愈大，车刀就愈锋利。

(2) 后角 α_0：在正交平面中测量的，是主后刀面与切削平面间的夹角。后角增大，车刀与工件间的摩擦减少。

(3) 主偏角 κ_r：在基面中测量的，是主切削平面与假定工作平面间的夹角。主偏角小时，可减小表面粗糙度，并且有利于提高刀具寿命，但若加工刚度较差的工件(如车细长轴)，则容易引起工件变形，并可能产生振动。

(4) 副偏角 κ_r'：在基面中测量的，是副切削平面与假定工作平面间的夹角。副偏角较小时，可减小切削的残留面积，减小表面粗糙度。

(5) 刃倾角 λ_s：在主切削平面中测量的，是主切削刃与基面的夹角。当 $\lambda_s = 0$ 时，切屑沿垂直于主切削刃的方向流出，如图 6-13(a)所示；当刀尖为切削刃的最低点时，λ_s 为负值，切屑流向已加工表面，如图 6-13(b)所示；当刀尖为主切削刃上最高点时，λ_s 为正值，切屑流向待加工表面，如图 6-13(c)所示，此时刀头强度较低。一般 λ_s 取 $-5°\sim+5°$，精加工时取正值或零，以避免切屑划伤已加工表面；粗加工或切削硬、脆材料时取负值，以提高刀尖强度。

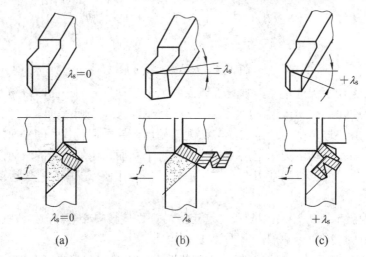

图 6-13　刃倾角及其对排屑方向的影响

刀具静止参考系角度主要在刀具的刃磨与测量时使用，在实际的工作过程中，刀具的角度可能会有一定程度的改变。

3. 车刀材料及选用

车刀切削部分的材料必须具有较高的硬度、良好的耐磨性和耐热性、足够的强度和韧性、较好的工艺性。

车刀切削部分的常用材料是高速钢和硬质合金。高速钢是合金元素很多的合金工具钢，硬度在 63HRC 以上，耐热温度可达 600℃，常用的牌号为 W18Cr4V。高速钢的强韧性好，刀具刃口锋利，可以制造各种形式的车刀，尤其是螺纹精车刀具、成形车刀等。但高速钢车刀的切削速度不能太高。高速钢车刀可以加工钢、铸铁、有色金属材料等。硬质合金是由 WC、TiC、Co 等进行粉末冶金而成的。其硬度高，耐热性好，质脆，没有塑性，成形性差，通常制成硬质合金刀片装在 45 钢刀体上使用。由于其硬度高、耐磨性好、热硬性好，允许采用较大的切削用量，因此实际生产中一般性车削用车刀大多数采用硬质合金。

除上述材料外，车刀材料还有硬质合金涂层刀片、陶瓷等。

6.3.3　正确装夹车刀(Correct clamping method of turning tool)

车刀应正确地装夹在车床刀架上(如图 6-14 所示)，这样才能保证刀具有合理的几何角度，从而提高车削加工的质量。

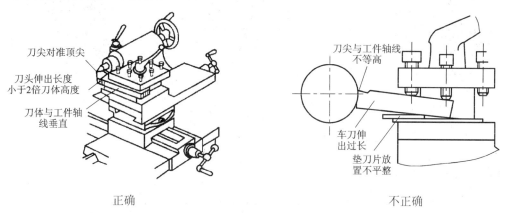

图 6-14　车刀的安装

装夹车刀时，车刀的刀尖应与车床主轴轴线等高，可根据尾座顶尖的高度来确定刀尖高度；车刀刀杆应与车床轴线垂直，否则将改变主偏角和副偏角的大小；车刀刀体悬伸长度一般不超过刀杆厚度的两倍，否则会使刀具刚性下降，车削时容易产生振动；垫刀片要平整，并与刀架对齐，垫刀片一般使用 2 或 3 片，太多会降低刀杆与刀架的接触刚度。车刀装好后应检查车刀在工件的加工极限位置时是否会产生运动干涉或碰撞。

6.4　车床附件及工件安装

(Lathe accessory and workpiece installation)

车床主要用于加工回转表面。安装工件时，应使被加工表面的回转中心与车床主轴的轴线重合，以保证工件位置准确；要把工件夹紧，以承受足够大的切削力，保证工作时的安全。在车床上常用来装夹工件的附件有三爪自定心卡盘、四爪单动卡盘、顶尖、心轴、中心架、跟刀架、花盘和弯板等。

6.4.1　三爪自定心卡盘安装工件

(Workpiece installation with 3-jaw self-centering chucks)

三爪自定心卡盘是车床上最常用的附件之一，其外形和结构如图 6-15 所示。当转动小锥齿轮时，可使其相啮合的大锥齿轮随之转动，大锥齿轮背面的平面螺纹可使三个卡爪同时向中心收拢或张开，以夹紧不同直径的工件。由于三个卡爪同时移动并能自行对中(其对中精度约为 0.05～0.15 mm)，三爪自定心卡盘适宜快速夹持截面为圆形、正三边形、正六边形的工件。三爪自定心卡盘还附带三个"反爪"，换到卡盘体上即可用来夹持直径较大的工件，如图 6-15(c)所示。

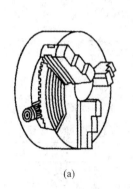

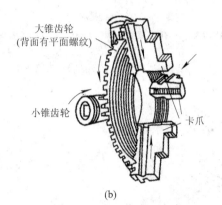

大锥齿轮
(背面有平面螺纹)

小锥齿轮

卡爪

反爪

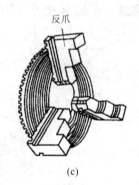

(a)　　　　　　　　　　(b)　　　　　　　　　　(c)

图 6-15　三爪自定心卡盘

(a) 外形；(b) 结构；(c) 反爪

6.4.2　四爪单动卡盘安装工件

(Workpiece installation with 4-jaw independent chucks)

　　四爪单动卡盘的结构如图 6-16 所示。它的四个卡爪通过四个调整螺杆独立移动，因此用途广泛。它不仅可以安装截面是圆形的工件，还可以安装截面为正方形、长方形、椭圆或其他某些形状不规则的工件，如图 6-17 所示。在圆盘上车偏心孔也常用四爪单动卡盘安装。此外，四爪单动卡盘的夹紧力比三爪自定心卡盘的大，所以也用来安装较重的圆形截面工件。如果把四个卡爪各自调头安装在卡盘体上，即成为"反爪"，可安装尺寸较大的工件。

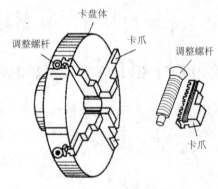

卡盘体

调整螺杆

卡爪

调整螺杆

卡爪

图 6-16　四爪单动卡盘

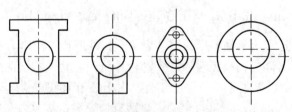

图 6-17　四爪单动卡盘安装零件举例

6.4.3 双顶尖安装工件(Workpiece installation with center)

在车床上加工长度较长或工序较多的轴类工件时，往往用双顶尖安装工件，如图 6-18 所示。把轴类工件架在前、后两个顶尖上，前顶尖装在主轴锥孔内，并和主轴一起旋转，后顶尖装在尾座套筒内，前、后顶尖就确定了工件的位置。将卡箍紧固在工件的一端，卡箍的尾部插入拨盘的槽内，拨盘安装在主轴上(安装方式与三爪自定心卡盘相同)并随主轴一起转动，通过拨盘带动卡箍即可使工件转动。

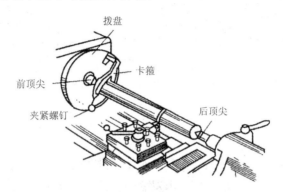

图 6-18　用双顶尖安装工件

常用的顶尖有死顶尖和活顶尖两种，其形状如图 6-19 所示。前顶尖用死顶尖，但在高速切削时，为了防止后顶尖与中心孔因摩擦过热而损坏或烧坏，常采用活顶尖。由于活顶尖的准确度不如死顶尖高，活顶尖一般用于轴的粗加工和半精加工。当轴的精度要求比较高时，后顶尖也应使用死顶尖，但要合理选择切削速度。

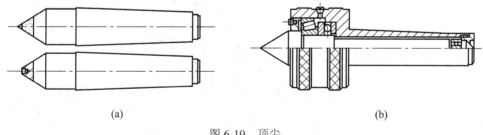

(a)　　　　　　　　　　　　　　　　　　　(b)

图 6-19　顶尖

(a) 死顶尖；(b) 活顶尖

6.4.4 中心架和跟刀架安装工件

(Workpiece installation with central rest and follower rest)

加工长径比大于 20 的细长轴时，为防止轴受切削力的作用而产生弯曲变形，往往需要加用中心架或跟刀架。

1. 中心架安装工件

中心架固定在床身上。支承工件前，先在工件上车出一小段光滑圆柱面，然后调整中心架的三个支承爪与其均匀接触，再分段进行车削。图 6-20(a)为利用中心架车外圆，可在工件右端加工完毕后，调头再加工另一端。图 6-20(b)为利用中心架加工长轴的端面，卡盘夹持长轴的一端，中心架支承另一端，这种方法也可以加工端面上的孔。

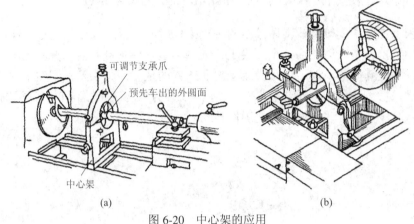

图 6-20　中心架的应用

(a) 用中心架车外圆；(b) 用中心架车端面

2．跟刀架安装工件

跟刀架固定在大拖板上，并随大拖板一起纵向移动。使用跟刀架需先在工件上靠后顶尖的一端车出一小段外圆，用它来支承跟刀架的支承爪，然后再车出工件的全长，如图 6-21所示。跟刀架多用于加工光滑轴，如光杠和丝杠等。

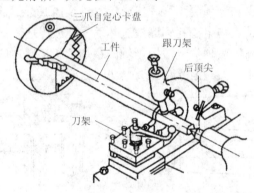

图 6-21　跟刀架的应用

应用跟刀架和中心架时，工件被支承的部分应是加工过的外圆表面，并要加机油润滑；工件的转速不能过高，以免工件与支承之间摩擦过热而烧坏或使支承爪磨损。

6.4.5　花盘和花盘—弯板安装工件

(Workpiece installation with chuck and chuck–bending plate)

对于某些形状不规则的零件，当要求外圆、孔的轴线与安装基面垂直，或端面与安装面平行时，可以把工件直接压在花盘上进行加工，如图 6-22 所示。花盘是安装在车床主轴上的一个大铸铁圆盘，盘面上有许多用于穿放螺栓的槽。花盘的端面必须平整，且圆跳动要很小。用花盘安装工件时，需经过仔细找正。

对于某些形状不规则的零件，当要求孔的轴线与安装面平行，或端面与安装基面垂直时，可用花盘—弯板安装工件，如图 6-23 所示。弯板要有一定的刚度和强度，用于贴靠花盘和安装工件的两个平面应有较高的垂直度。弯板安装在花盘上要仔细找正，工件紧固在弯板上也需找正。

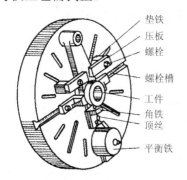
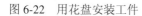

图 6-22　用花盘安装工件

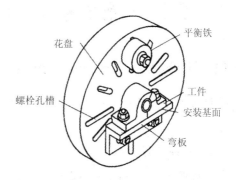

图 6-23　用花盘—弯板安装工件

用花盘或花盘—弯板安装工件时，由于重心往往偏向一边，需要在另一边加平衡铁，以减少旋转时的振动。

6.4.6　心轴安装工件(Workpiece installation with mandrel)

对于盘套类零件，其外圆、孔和两个端面常有同轴度和垂直度的要求，但在卡盘上加工时无法在一次安装中加工完成，如果把零件调头安装再加工，又无法保证零件的外圆对孔的径向圆跳动和端面对孔的端面圆跳动的要求，因此，需要利用已精加工过的孔把零件安装在心轴上，再把心轴安装在前、后顶尖之间，当成阶梯轴来加工外圆和端面，即可保证有关的圆跳动要求。

心轴的种类很多，常用的有锥度心轴和圆柱体心轴。锥度心轴(如图 6-24 所示)的锥度一般为 1/5000～1/2000，工件压入心轴后靠摩擦力紧固。这种心轴装卸方便，对中准确，但不能承受较大的切削力，多用于盘套类零件的精加工。

对于圆柱体心轴(如图 6-25 所示)，工件装入心轴后需加上垫圈，再用螺母锁紧。它要求工件的两个端面应与孔的轴线垂直，以免拧紧螺母时心轴产生弯曲变形。这种心轴夹紧力较大，但对中准确度较差，多用于盘套类零件的粗加工、半精加工。

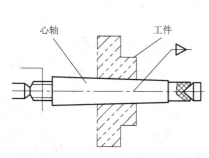

图 6-24　锥度心轴

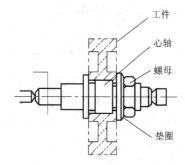

图 6-25　圆柱体心轴

盘套类零件上用于安装心轴的孔应有较高的精度等级，一般为 IT7～IT9，否则，零件在心轴上无法准确定位。

6.5　车削的基本工作(Basic operation of turning)

6.5.1　车外圆(Cylindrical turning)

将工件车削成圆柱形表面的加工称为车外圆，这是车削加工最基本、也是最常见的操作。

1．外圆车刀

常用的外圆车刀(如图 6-26 所示)主要有以下几种：

(1) 尖刀：主要用于粗车外圆和车削没有台阶或台阶不大的外圆。

(2) 45°弯头刀：既可车外圆，又可车端面，还可以进行 45°倒角，应用较为普遍。

(3) 右偏刀：主要用来车削带直角台阶的工件。由于右偏刀切削时产生的径向力小，常用于车削细长轴。

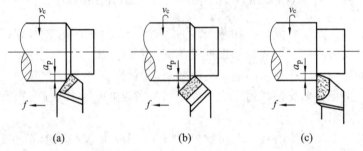

图 6-26　车外圆

(a) 尖刀车外圆；(b) 45°弯头刀车外圆；(c) 右偏刀车外圆

2．车削外圆时径向尺寸的控制

1) 刻度盘手柄的使用

要准确地获得所车削外圆的尺寸，必须正确掌握好车削加工的背吃刀量 a_p。车外圆的背吃刀量是通过调节中拖板横向进给丝杠获得的。

横向进刀手柄连着刻度盘转一周，丝杠也转一周，带动螺母及中拖板和刀架沿横向移动一个螺杠导程。由此可知，中拖板进刀手柄带动刻度盘每转一格，刀架沿横向的移动距离为丝杠螺距/刻度盘总格数。

对于 C6132 型车床，横向丝杠的螺距为 4 mm，刻度盘共分 200 格，每格刻度值为 0.02 mm，所以，车外圆时刻度盘每顺时针转一格，横向进刀 0.02 mm，工件的直径减小 0.04 mm。这样，就可以按背吃刀量 a_p 决定进刀格数。

由于丝杠与螺母之间有间隙，车外圆时，如果进刀超过了应有的刻度，或试切后发现车出的尺寸太小而须将车刀退回，则刻度盘不能直接退回到所需要的刻度线，而应按图 6-27 所示的方法进行纠正。

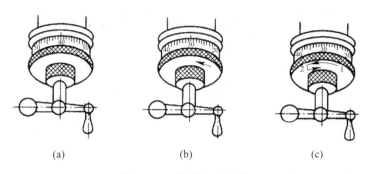

图 6-27 手柄的正确操作

(a) 要求手柄转至 30,但转过了转至 40; (b) 直接退到 30 是错误的;

(c) 正确操作是多退半圈后再转至 30

2) 试切法调整加工尺寸

工件在车床上装夹后,要根据工件的加工余量决定走刀的次数和每次走刀的背吃刀量,这是因为刻度盘和横向进给丝杠都有误差,在半精车或精车时,往往不能满足进刀精度要求。为了准确地确定背吃刀量,保证工件的加工尺寸精度,只靠刻度盘进刀是不行的,这就需要采用试切的方法。试切的方法与步骤如图 6-28 所示。

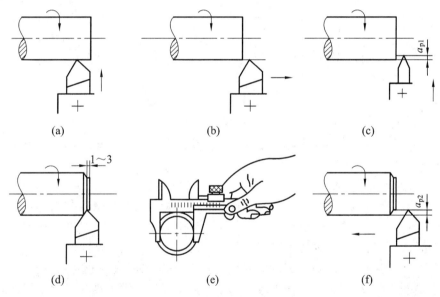

图 6-28 试切步骤

(a) 开车对刀,使车刀和工件表面轻微接触; (b) 向右退出; (c) 按要求横向进给 a_{p1}

(d) 试切 1~3 mm; (e) 向右退出,停车,测量; (f) 调整切深至 a_{p2} 后,自动进给车外圆

如果按照背吃刀量 a_{p1} 试切后的尺寸合格,就按 a_{p1} 车出整个外圆面;如果尺寸还大,就要重新调整背吃刀量 a_p,再次进行试切,如此直至尺寸合格为止。

3. 外圆车削

工件的加工余量需要经过几次走刀才能切除,而外圆加工的精度要求较高,表面粗糙度要求较低,为了提高生产效率,保证加工质量,常将车削分为粗车和精车。粗车的目的是从毛坯上切去大部分余量，为精车做准备。粗车后应留下 0.5～1 mm 的加工余量。精车的目的是切去剩余加工余量的金属层，保证工件所要求的较高精度和较低的表面粗糙度，其背吃刀量 a_p 较小(0.1～0.2 mm)，切削速度较高。

在粗车铸件、锻件时，因表面有硬皮，可先倒角或车出端面，然后用大于硬皮厚度的背吃刀量粗车外圆，使刀尖避开硬皮，以防刀尖磨损过快或被硬皮打坏。

用高速钢车刀低速精车钢件时用乳化液润滑，用高速钢车刀低速精车铸铁件时用煤油润滑都可降低工件表面粗糙度。

6.5.2 车端面(End face turning)

轴类、盘套类工件的端面经常用来作为轴向定位、测量的基准，车削加工时，一般都先将端面车出。端面的车削加工如图 6-29 所示。

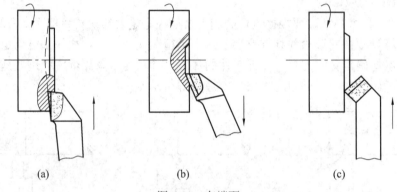

图 6-29　车端面

(a) 偏刀车端面(由外向中心)；(b) 偏刀车端面(由中心向外)；(c) 弯头刀车端面

实际中弯头车刀车端面使用较多。采用弯头车刀车端面，对中心凸台是逐步切除的，不易损坏刀尖，但45°弯头车刀车出的端面表面粗糙度较大，一般用于车大端面，如图 6-29(c)所示。右偏刀由外向中心车端面时，凸台是瞬时去掉的，容易损坏刀尖，如图 6-29(a)所示。右偏刀向中心进给切削时前角小，切削不顺利，而且背吃刀量大时容易引起扎刀，使端面出现内凹，所以，右偏刀一般用于由中心向外车带孔工件的端面，如图 6-29(b)所示。此时切削刃前角大，切削顺利，表面粗糙度小。

车端面时车刀的刀尖应对准工件的回转中心，否则会在端面中心留下凸台。工件中心处的线速度较低，为获得整个端面上较好的表面质量，车端面的转速要比车外圆的转速高一些；车削直径较大的端面时应将大拖板锁紧在床身上，以防由大拖板让刀引起的端面外凸或内凹，此时应用小拖板调整背吃刀量。对于精度要求高的端面，亦应分粗、精加工。

6.5.3 车台阶(Step face turning)

很多的轴类、盘套类零件上有台阶面，高度小于 5 mm 的为低台阶，加工时由正装的90°偏刀车外圆时车出；高度大于 5 mm 的为高台阶，高台阶在车外圆几次走刀后用主偏角大于90°的偏刀沿径向向外走刀车出，如图 6-30 所示。

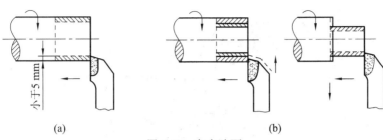

图 6-30　车台阶面

(a) 车低台阶；(b) 车高台阶

6.5.4　切槽与切断(Grooving and cutting)

1. 切槽

回转体工件表面经常存在一些沟槽，这些槽有螺纹退刀槽、砂轮越程槽、油槽、密封圈槽等，分布在工件的外圆表面、内孔或端面上。切槽所用的刀具为切槽刀(如图 6-31 所示)，它有一条主切削刃、两条副切削刃、两个刀尖，加工时沿径向由外向中心进刀。

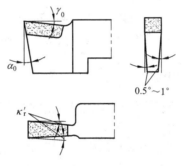

图 6-31　切槽刀

车削宽度小于 5 mm 的窄槽，用主切削刃尺寸与槽宽相等的车槽刀一次车出；车削宽度大于 5 mm 的宽槽时，先沿纵向分段粗车，再精车，车出完整的槽深及槽宽，如图 6-32 所示。

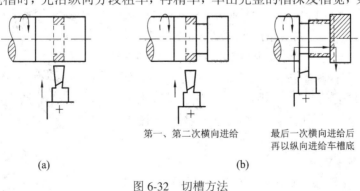

第一、第二次横向进给　　　最后一次横向进给后
　　　　　　　　　　　　再以纵向进给车槽底

(a)　　　　　　　　　　　　(b)

图 6-32　切槽方法

(a) 切窄槽；(b) 切宽槽

当工件上有几个同一类型的槽时，槽宽应一致，以便用同一把刀具切削。

2. 切断

切断是指将坯料或工件从夹持端上分离下来的工艺，如图 6-33 所示。

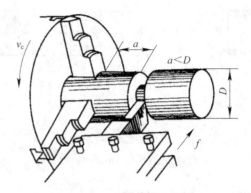

图 6-33 切断

切断所用的切断刀与车槽刀极为相似，只是刀头更加窄长，刚性更差。由于刀具要切至工件中心，呈半封闭切削，排屑困难，容易将刀具折断，因此，装夹工件时应尽量使切断处靠近卡盘，以增加工件的刚性。对于大直径工件，有时采用反切断法，目的在于排屑顺畅。

切断时，刀尖必须与工件等高，否则切断处将留有凸台，也容易损坏刀具；切断刀伸出不宜过长，以增强刀具的刚性；切断时的切削速度要低，采用缓慢均匀的手动进给，以防进给量太大造成刀具折断；切断钢件时应适当使用切削液，以加快切断过程的散热。

6.5.5 车圆锥(Conical turning)

在各种机械结构中，还广泛存在圆锥体和圆锥孔的配合，如顶尖尾柄与尾座套筒的配合、顶尖与被支承工件中心孔的配合、锥销与锥孔的配合。圆锥面配合比较紧密，装拆方便，经多次拆卸后仍能保证有准确的定心作用。小锥度配合表面还能传递较大的扭矩。正因如此，大直径的麻花钻都使用锥柄。在生产中常遇到的是圆锥面的加工。

常用的车削锥面的方法有宽刀法、小拖板旋转法、偏移尾座法和靠模法。

1) 宽刀法

宽刀法就是利用主切削刃直接横向车出圆锥面，如图 6-34 所示。此时，切削刃的长度要略长于圆锥母线长度，切削刃要与工件回转中心线成半锥角。这种加工方法方便、迅速，能加工任意角度的内、外圆锥。在车床上倒角实际就是宽刀法车圆锥。此种方法加工的圆锥面很短，而且要求切削加工系统有较高的刚性，适用于批量生产。

2) 小拖板旋转法

车床中拖板上的转盘可以转动任意角度，松开上面的紧固螺钉，可使小拖板转过半锥角。如图 6-35 所示，将螺钉拧紧后，转动小拖板手柄，沿斜向进给便可以车出圆锥面。小拖板旋转法操作简单方便，能保证一定的加工精度，能加工各种锥度的内、

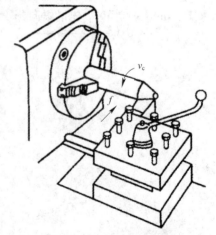

图 6-34 宽刀法车圆锥面

外圆锥面，应用广泛；但受小拖板行程的限制，不能车太长的圆锥，而且，小拖板只能手

动进给，锥面的粗糙度数值大，因而在单件或小批生产中用得较多。

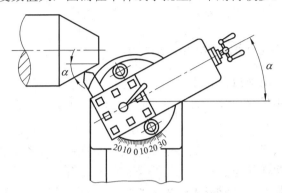

图 6-35　小拖板旋转法车圆锥面

3) 偏移尾座法

如图 6-36 所示，用尾座带动顶尖横向偏移距离 s，使得安装在两顶尖间的工件的回转轴线与主轴轴线成半锥角。这样车刀做纵向走刀车出的回转体母线与回转体中心线成斜角，形成圆锥面。偏移尾座法能切削较长的圆锥面，并能自动走刀，表面粗糙度比小拖板旋转法小，与自动走刀车外圆一样。由于受到尾部偏移量的限制，偏移尾座法一般只能加工小锥度圆锥，也不能加工内锥面。

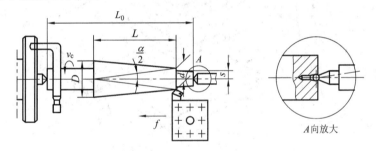

图 6-36　偏移尾座法车圆锥面

4) 靠模法

在大批量生产中还经常用靠模法车削圆锥面，如图 6-37 所示。

靠模装置的底座固定在床身的后面，底座上装有锥度靠模板。松开紧固螺钉，靠模板可以绕定位销钉旋转，与工件的轴线成一定的斜角。靠模上的滑块可以沿靠模滑动，而滑块通过连接板与拖板连接在一起。中拖板上的丝杠与螺母脱开，其手柄不再调节刀架横向位置，而是将小拖板转过 90°，用小拖板上的丝杠调节刀具横向位置，以调整所需的背吃刀量。

若工件的锥角为 α，则将靠模调节成 $\alpha/2$ 的斜角。当大拖板做纵向自动进给时，滑块就沿着靠模滑动，从而使车刀的运动平行于靠模

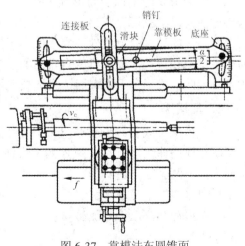

图 6-37　靠模法车圆锥面

板，车出所需的圆锥面。

靠模法加工进给平稳，工件的表面质量好，生产效率高，可以加工 $\alpha<12°$ 的长圆锥。

6.5.6　成形面车削(Forming surface turning)

在回转体上有时会出现母线为曲线的回转表面，如手柄、手轮、圆球等，这些表面称为成形面。成形面的车削方法有手动法、成形车刀法、靠模法和数控法等。

1．手动法

如图 6-38 所示，操作者双手同时操纵中拖板和小拖板手柄移动刀架，使刀尖运动的轨迹尽量与要形成的回转体成形面的母线相符合。车削过程中还经常用成形样板检验，通过反复的加工、检验、修正，最后形成要加工的成形表面。手动法加工简单方便，但对操作者技术要求高，而且生产效率低，加工精度低，一般用于单件或小批生产。

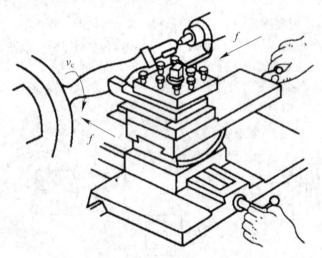

图 6-38　手动法车成形面

2．成形车刀法

切削刃形状与工件表面形状一致的车刀称为成形车刀(样板车)。用成形车刀车削时，只要做横向进给就可以车出工件上的成形表面。用成形车刀车削成形面，工件的形状精度取决于刀具的精度，加工效率高，但由于刀具切削刃长，加工时的切削力大，加工系统容易产生变形和振动，要求机床有较高的刚度和切削功率。成形车刀制造成本高，且不容易刃磨，因此，成形车刀法宜用于成批或大量生产。

3．靠模法

用靠模法车成形面与用靠模法车圆锥面的原理是一样的，只是靠模的形状是与工件母线形状一样的曲线，如图 6-39 所示。大拖板带动刀具做纵向进给的同时，靠模带动刀具做横向进给，两个方向进给形成的合运动产生的进给运动轨迹就形成了工件的母线。靠模法加工采用普通的车刀进行切削，刀具实际参加切削的切削刃不长，切削力与普通车削相近，变形小，振动小，工件的加工质量好，生产效率高，但靠模的制造成本高，主要用于成批或大量生产。

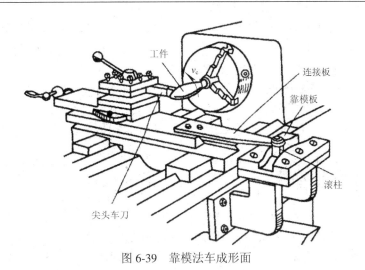

图 6-39 靠模法车成形面

6.5.7 孔加工(Hole machining)

车床上孔的加工方法有钻孔、扩孔、铰孔和镗孔。

1. 钻孔

在车床上钻孔时，钻孔所用的刀具为麻花钻。钻孔加工中，工件的回转运动为主运动，尾座上的套筒推动钻头所做的纵向移动为进给运动。车床上的钻孔加工如图 6-40 所示。

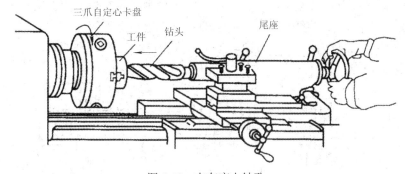

图 6-40 在车床上钻孔

车床钻孔前应先车平工件端面，以便于钻头定心，防止钻偏；然后用中心孔钻在工件中心处先钻出麻花钻定心孔，或用车刀在工件中心处车出定心小坑；最后选择与所钻孔直径对应的麻花钻进行钻孔，麻花钻工作部分长度应略长于孔深。如果是直柄麻花钻，则用钻夹头装夹后插入尾座套筒。锥柄麻花钻直接或用过渡锥套插入尾座套筒。

钻孔时，松开尾座锁紧装置，移动尾座直至钻头接近工件，开始钻削时进给要慢一些，然后以正常进给量进给，并应经常将钻头退出，以利于排屑和冷却钻头。钻削钢件时，还应加注切削液。

2. 镗孔

镗孔是利用镗孔刀对工件上铸出、锻出或钻出的孔作进一步的加工。

在车床上镗孔(如图 6-41 所示)，工件旋转做主运动，镗刀在刀架带动下做进给运动。镗孔时镗刀杆应尽可能粗一些，镗刀伸出刀架的长度应尽量短些，以增加镗刀杆的刚性，减少振动，但伸出长度不得小于镗孔深度；镗孔时选用的切削用量要比车外圆时的小些，其调整方法与车外圆基本相同，只是横向进刀方向相反。开动机床镗孔前，先使镗刀在孔内手动试走一遍，确认无运动干涉后再开车切削。

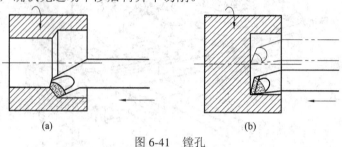

图 6-41　镗孔

(a) 镗通孔；(b) 镗不通孔

　　车床上的孔加工主要是针对回转体工件中间的孔。对非回转体上的孔，可以利用四爪单动卡盘或花盘装夹在车床上加工，但更多的是在钻床和镗床上进行加工。

6.5.8　车螺纹(Cutting thread)

　　在车床上加工螺纹主要是用车刀车削各种螺纹。对于小直径螺纹，也可用板牙或丝锥在车床上加工。这里只介绍普通螺纹的车削加工。

　　各种螺纹的牙型都是靠刀具切出的，所以螺纹车刀切削部分的形状必须与将要车的螺纹的牙型相符。螺纹车刀在装夹时，刀尖必须与工件中心等高，并用样板对刀，保证刀尖角的角平分线与工件轴线垂直，以保证车出的螺纹牙型两边对称。

　　车螺纹时应使用丝杠传动，主轴的转速应选择得低些。图 6-42 为车削螺纹的步骤，此法适合于车削各种螺纹。

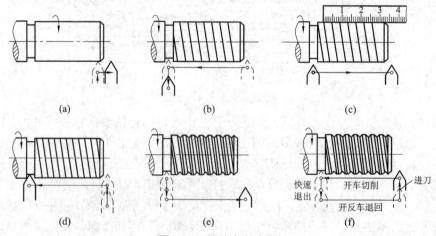

图 6-42　螺纹车削步骤

(a) 开车，使车刀与工件轻微接触，记下刻度盘读数，向右退出车刀；(b) 合上对开螺母，在工件表面上车出一条螺旋线，横向退出车刀，停车；(c) 开反车使车刀退到工件右端，停车，用钢尺检查螺距是否正确；(d) 利用刻度盘调整切深，开车切削；(e) 车刀将至行程终了时，应做好退刀停车准备，先快速退出车刀，然后停车，开反车退回刀架；(f) 再次横向进切深，继续切削

6.5.9 滚花(Knurling)

为了便于握持和增加美观，常常在许多工具和机器零件的手握部分，表面滚压出各种不同的花纹，如百分尺的套管，铰杠扳手及螺纹量规等。这些花纹一般都是在车床上用滚花刀滚压而成的，如图 6-43 所示。

滚花的花纹有直纹和网纹两种，滚花刀也分如图 6-44(a)所示的直纹滚花刀和如图 6-44(b)所示的网纹滚花刀。花纹亦有粗细之分，工件上花纹的粗细取决于滚花刀上的滚轮。滚花时工件所受的径向力大，所以工件装夹时应使滚花部分靠近卡盘。滚花时，工件的转速要低，并且要有充分的润滑，以减少塑性流动的金属对滚花刀的摩擦和防止产生乱纹。

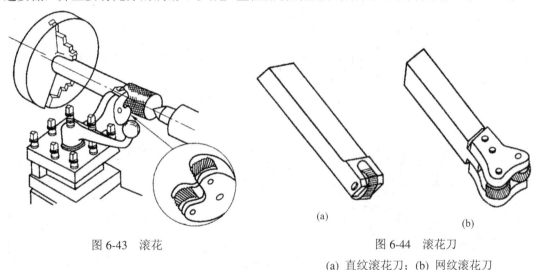

(a)   (b)

图 6-43 滚花

图 6-44 滚花刀

(a) 直纹滚花刀；(b) 网纹滚花刀

思考与练习(Thinking and exercise)

1. 车床由哪些主要部分组成？各部分的主要作用是什么？
2. 车刀由哪些部分和表面组成？各部分的名称是什么？
3. 如何定义及标注车刀的主偏角、副偏角、前角、后角和刃倾角？
4. 车床的主要附件有哪些？如何使用？各有什么特点？
5. 试切法的主要步骤是什么？
6. 车外圆时如何选用不同形状的车刀？
7. 常用的车刀材料有哪些？如何应用？
8. 车削锥面的主要方法有哪些？
9. 车床上加工成形面有哪几种方法，各适用于什么情况？

第7章

铣削加工(Milling)

在铣床上用铣刀加工工件的过程叫铣削加工。铣削时铣刀的旋转为主运动，工件的直线移动为进给运动。铣削加工具有加工范围广、生产效率高等特点，在现代机器制造中得到了广泛的应用。

铣削加工主要用于加工平面、斜面、垂直面、各种沟槽以及成形表面。图 7-1 为铣削加工常用的加工方法。铣削是平面加工的主要方法之一，可以分为粗铣和精铣，对有色金属还可以采用高速铣削，以进一步提高加工质量。铣平面的尺寸公差等级一般可达 IT9～IT7 级，表面粗糙度为 6.3～1.6 μm，直线度可达 0.12～0.08 mm/m。

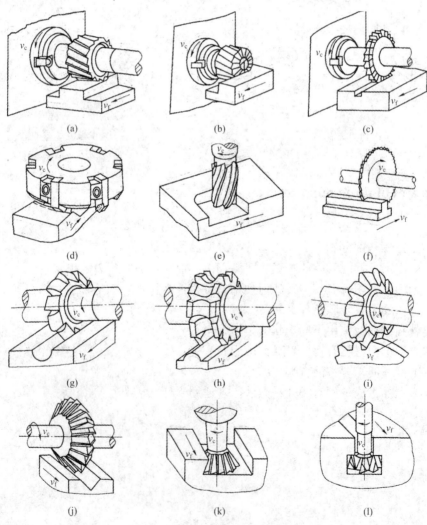

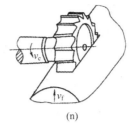
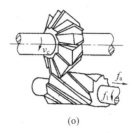

(m)　　　　　　　　(n)　　　　　　　　(o)

图 7-1　常用的铣削加工方法

(a) 圆柱形铣刀铣平面；(b) 套式立铣刀铣台阶面；(c) 三面刃铣刀铣直角槽；(d) 端铣刀铣平面；(e) 立铣刀铣凹平面；(f) 锯片铣刀切断；(g) 凸半圆铣刀铣凹圆弧面；(h) 凹半圆铣刀铣凸圆弧面；(i) 齿轮铣刀铣齿轮；(j) 角度铣刀铣 V 形槽；(k) 燕尾槽铣刀铣燕尾槽；(l) T 形槽铣刀铣 T 形槽；(m) 键槽铣刀铣键槽；(n) 半圆键槽铣刀铣半圆键槽；(o) 角度铣刀铣螺旋槽

7.1　铣床及其附件(Milling machines and accessory)

7.1.1　铣床(Milling machines)

铣床的种类很多，常用的是万能卧式升降台铣床、立式升降台铣床、龙门铣床及数控铣床等。

1. 卧式升降台铣床

卧式铣床简称卧铣，是铣床中应用最多的一种，其主要特征是主轴轴线与工作台面平行。图 7-2 是 X6125 型万能卧式升降台铣床的外形图。其中，X 表示铣床类，6 表示卧式铣床，1 表示万能升降台铣床，25 表示工作台宽度的 1/10，即工作台宽度为 250 mm。X6125 的旧编号为 X61W。

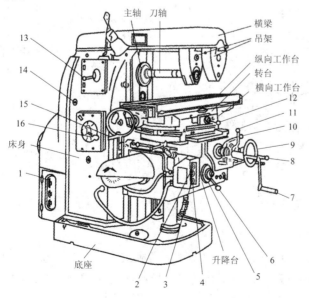

1—总开关；
2—主轴电机启动按钮；
3—进给电机启动按钮；
4—机床总停按钮；
5—进给高、低速调整盘；
6—进给数码转盘手柄；
7—升降手动手柄；
8—纵向、横向、垂向快动手柄；
9—横向手动手轮；
10—升降自动手柄；
11—横向自动手柄；
12—纵向自动手柄；
13—主轴高、低速手柄；
14—主轴点动按钮；
15—纵向手动手轮；
16—主轴变速手柄

图 7-2　X6125 型卧式万能升降台铣床

X6125 型卧式万能升降台铣床主要由床身、主轴、横梁、纵向工作台、转台、横向工作台、升降台等部分组成。

(1) 床身：用于支承和连接铣床各部件，其内部装有传动机构。

(2) 主轴：是空心轴，前端有 7：24 的精密锥孔，用于安装铣刀或刀轴，并带动铣刀或刀轴旋转。

(3) 横梁：上面可安装吊架，用来支承刀轴外伸的一端，以加强刀轴的刚度。横梁可沿床身顶部的水平导轨移动，以调整其伸出的长度。

(4) 纵向工作台：可以在转台的导轨上做纵向移动，以带动安装在台面上的工件做纵向进给。

(5) 转台：其唯一作用是能将纵向工作台在水平面内扳转一定角度(顺时针、逆时针最大均可转过 30°)，用于铣削螺旋槽等。有无转台是万能卧铣与普通卧铣的主要区别。

(6) 横向工作台：位于升降台上面的水平导轨上，可带动纵向工作台一起做横向进给。

(7) 升降台：可以使整个工作台沿床身的垂直导轨上、下移动，以调整工作台面到铣刀的距离，并可带动纵向工作台一起做垂直进给。

2．立式升降台铣床

立式铣床简称立铣，与卧铣的主要区别是主轴与工作台面相垂直。有时根据加工的需要，可以将立铣头(包括主轴)左右扳转一定的角度，以便加工斜面等。图 7-3 是 X5030 型立式升降台铣床的外形图。其中，X 表示铣床类，5 表示立式铣床，0 表示立式升降台铣床，30 表示工作台宽度的 1/10，即工作台宽度为 300 mm。

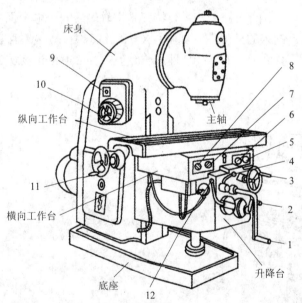

1—升降手动手柄；
2—进给量调整手柄；
3—横向手动手轮；
4—纵向、横向、垂向自动进给选择手柄；
5—机床启动按钮；
6—机床总停按钮；
7—自动进给换向旋钮；
8—切削液泵旋钮开关；
9—主轴点动按钮；
10—主轴变速手轮；
11—纵向手动手轮；
12—快动手柄

图 7-3　X5030 型立式升降台铣床

X5030 型立式升降台铣床的主要组成部分与 X6125 型卧式万能升降台铣床基本相同，除主轴所处位置不同外，它也没有横梁、吊架和转台。铣削时，铣刀安装在主轴上，由主轴带动做旋转运动，工作台带动工件做纵向、横向、垂向的进给运动。

立式铣床由于操作时观察、检查和调整铣刀位置等都比较方便，又便于装夹硬质合金端铣刀进行高速铣削，生产率较高，因此应用很广。

3．龙门铣床

龙门铣床主要用来加工大型或较重的工件。它可以同时用几个铣头对工件的几个表面进行加工，故生产效率高，适合成批、大量生产。龙门铣床有单轴、双轴、四轴等多种形式。

4．数控铣床

数控铣床是综合应用电子、计算机等高新技术的产物，利用数字信息控制铣床的各种运动，实现对零件的自动加工。数控铣床主要适用于单件和小批量生产，可加工表面形状复杂、精度要求高的工件。

7.1.2　铣床附件(Accessory of milling machines)

1．机用平口钳

机用平口钳(又称机用虎钳)简称虎钳，它的结构如图 7-4 所示。机用平口钳的钳体和固定钳口是一体的，在钳体的底部有四个缺口，可用 T 形螺钉把它固定在铣床工作台上。活动钳口可沿导轨滑动，在活动钳口内装有螺母。旋转丝杠可调节活动钳口与固定钳口之间的距离，也可以夹紧和松开工件。钳口护片由淬火的工具钢制成，使钳口不易磨损。丝杠末端的方榫是供套手柄或扳手转动丝杠用的。

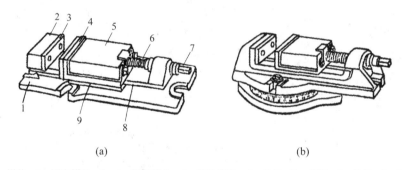

（a）　　　　　　　　　　　　　　　　（b）

1—钳体；2—固定钳口；3、4—钳口护片；5—活动钳口；6—丝杠；7—方榫；8—导轨；9—压板

图 7-4　机用平口钳

(a) 机用平口钳；(b) 回转式机用平口钳

2．回转工作台

回转工作台又称为转盘或圆工作台，如图 7-5 所示。它有手动进给和机动进给两种，主要作用是对大工件进行分度以及铣削带有圆弧曲线的外表面和圆弧沟槽的工件。铣圆弧沟槽时，工件装夹在回转工作台上，随着铣刀旋转，用手均匀缓慢地摇动回转工作台便可在工件上铣出圆弧沟槽来。也可在转台上安装三爪卡盘等夹具，以方便装夹圆柱形工件。

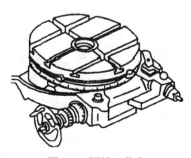

图 7-5　回转工作台

3. 万能分度头

分度头是能对工件在水平、垂直和倾斜方向上进行等分或不等分铣削的铣床附件，可铣削四方、六方、齿轮、花键键槽和刻线等。分度头有许多类型，最常见的是万能分度头。

1) 万能分度头的结构

万能分度头是铣床的重要附件，由底座、回转体、主轴和分度盘等部分组成，如图 7-6 所示。工作时，它的底座用螺钉紧固在工作台上，并利用导向键与工作台中间的一条 T 形槽相配合，使分度头主轴轴心线平行于工作台纵向进给方向。分度头的前端锥孔内可安放顶尖，用来支承工件。主轴外部有一短定位锥体与卡盘的法兰盘锥孔相连接，以便用卡盘来装夹工件。分度头的侧面有分度盘和分度手柄。分度时，摇动分度手柄，通过蜗杆、蜗轮带动分度头主轴旋转进行分度。

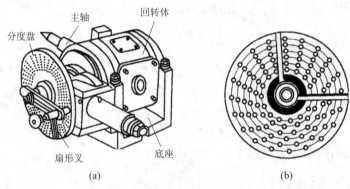

(a)   (b)

图 7-6　万能分度头的结构

(a) 外形图；(b) 分度盘

2) 分度方法

图 7-7 所示为分度头的传动示意图。

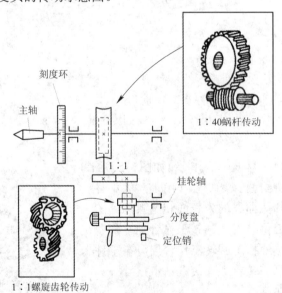

图 7-7　万能分度头传动示意图

分度头的蜗杆、蜗轮传动比为 1：40，即当分度手柄通过一对螺旋齿轮(传动比为 1：1)

带动蜗杆转动一圈时，蜗轮只带动主轴转过 1/40 圈。如果工件在整个圆周上的分度数 z 为已知数，那么每转过一个等分数，主轴需转过 $1/z$ 圈，这时手柄所需的转数可由下列比例关系式确定：

$$1 : 40 = \frac{1}{z} : n$$

即

$$n = \frac{40}{z}$$

式中：n —— 分度的手柄转数；

　　　z —— 工件的等分数；

　　　40 —— 分度头的定数。

分度手柄的准确转数是借助分度盘(见图 7-6(b))来确定的。分度盘正、反面有许多孔数不同的孔圈。如 FW250 型分度头备有两块分度盘，其各圈孔数如下所述。

例如，铣削 $z=32$ 的齿轮，手柄的转数为

$$n = \frac{40}{z} = \frac{40}{32} = 1\frac{1}{4} \ \text{圈}$$

即每铣一齿，手柄需要转过 $1\frac{1}{4}$ 圈。

当 $n = 1\frac{1}{4}$ 圈时，先将分度盘固定，再将分度手柄的定位销调整到孔数为 4 的倍数的孔圈上。若在孔数为 28 的孔圈上，此时手柄转过 1 圈后，再沿孔数为 28 的孔圈转过 7 个孔距。

7.2　铣刀及其装夹(Milling cutter and installation)

7.2.1　铣刀(Milling cutter)

铣刀实质上是一种由几把单刃刀具组成的多刃刀具，它的刀齿分布在圆柱铣刀的外回转表面或端铣刀的端面上。常用的铣刀刀齿材料有高速钢和硬质合金两种。

铣刀的种类很多，按其装夹方式的不同可分为带孔铣刀和带柄铣刀。

1. 带孔铣刀

采用孔装夹的铣刀称为带孔铣刀。带孔铣刀(如图 7-8 所示)多用于卧式铣床。其中，圆柱铣刀(如图 7-8(a)所示)主要用其圆柱面的刀齿铣削中、小型平面；三面刃铣刀(如图 7-8(b)所示)用于铣削不同宽度的直角沟槽、小平面、台阶面和四方或六方螺钉小侧面；锯片铣刀(如图 7-8(c)所示)用于铣削窄缝或切断工件；盘状模数铣刀(如图 7-8(d)所示)属于成形铣刀，用于铣削齿轮的齿形槽；角度铣刀(如图 7-8(e)和(f)所示)属于成形铣刀，包括单角铣刀和双角铣刀，用于加工各种角度的槽和斜面；半圆弧铣刀(如图 7-8(g)和(h)所示)属于成形铣刀，用于铣削内凹和外凸圆弧表面。

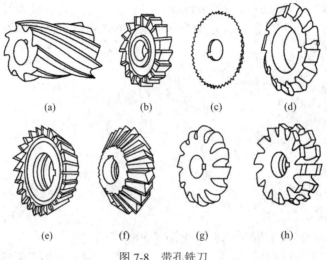

(a)　　　　　(b)　　　　　(c)　　　　　(d)

(e)　　　　　(f)　　　　　(g)　　　　　(h)

图 7-8　带孔铣刀

2. 带柄铣刀

采用柄部装夹的铣刀称为带柄铣刀。带柄铣刀(如图 7-9 所示)多用于立式铣床,有时亦可用于卧式铣床。其中,镶齿端铣刀(如图 7-9(a)所示)一般在钢制刀盘上镶有多片硬质合金刀齿,用于铣削较大的平面,可进行高速铣削;立铣刀(如图 7-9(b)所示)的端部有三个以上的刀刃,用于铣削直槽、小平面、台阶平面和内凹平面等;键槽铣刀(如图 7-9(c)所示)的端部只有两个刀刃,专门用于铣削轴上的封闭式键槽;T 形槽铣刀(如图 7-9(d)所示)和燕尾槽铣刀(如图 7-9(e)所示)分别用于铣削 T 形槽和燕尾槽。

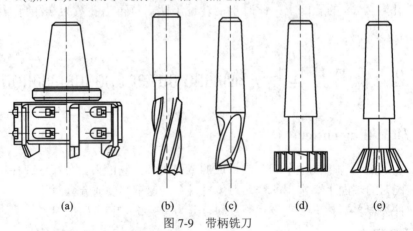

(a)　　　　　(b)　　　　　(c)　　　　　(d)　　　　　(e)

图 7-9　带柄铣刀

7.2.2　铣刀的装夹(Installation of milling cutter)

1. 带孔铣刀的装夹

带孔铣刀一般在卧式铣床上使用刀杆安装,如图 7-10 所示,安装时,刀杆用拉杆螺丝与机床主轴连接。装夹时,刀杆锥体一端插入机床主轴前端的锥孔中,并用拉杆穿过主轴将刀杆拉紧,以保证刀杆与主轴孔紧密配合,然后将铣刀和套筒的端面擦净套在刀杆上,铣刀应尽可能靠近主轴,以增加刚性,避免刀杆弯曲,影响加工精度。在拧紧刀杆压紧螺母之前，必须先装好吊架，以免刀杆弯曲。

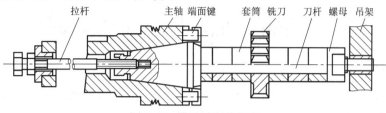

图 7-10　带孔铣刀的装夹

2．带柄铣刀的装夹

带柄铣刀有直柄和锥柄两种。锥柄铣刀的直径一般在 10～50 mm，安装这类铣刀可选择合适的过渡套筒装入机床主轴孔中并用拉杆螺丝拉紧，如图 7-11(a)所示。直柄铣刀的直径一般在 3～20 mm 以下，安装直柄铣刀可使用弹簧夹头装夹，弹簧夹头可装入机床的主轴孔中，如图 7-11(b)所示。

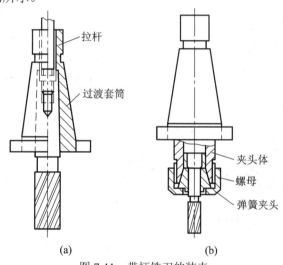

(a)　　　　　　　　　　(b)

图 7-11　带柄铣刀的装夹

3．端铣刀的装夹

端铣刀属于带孔铣刀，安装时，先将铣刀装在如图 7-12 所示的短刀轴上，再将刀轴装入机床的主轴并用拉杆螺丝拉紧。对于直径大的端铣刀，则直接安装在铣床前端面上，用螺栓拉紧。

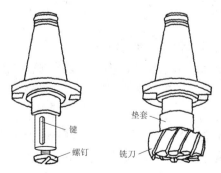

图 7-12　端铣刀的装夹

7.3 工件的安装(Workpiece installation)

1. 用附件装夹

铣床常用的工件安装方法有平口钳安装(见图 7-13(a))、压板螺栓安装(见图 7-13(b))、V 形铁安装(见图 7-13(c))和分度头安装(见图 7-13(d)、(e)和(f))等。分度头多用于安装有分度要求的工件,既可用分度头卡盘(或顶尖)与尾座顶尖一起使用安装轴类零件,也可只使用分度头卡盘安装工件。由于分度头的主轴可以在垂直平面内扳转,可利用分度头把工件安装成水平、垂直及倾斜位置。

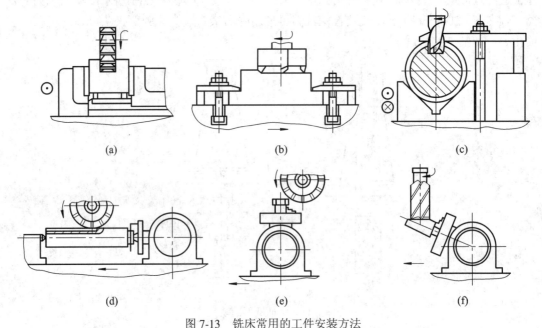

(a)   (b)   (c)

(d)   (e)   (f)

图 7-13 铣床常用的工件安装方法

(a) 平口钳;(b) 压板螺栓;(c) V 形铁;(d) 分度头顶尖;

(e) 分度头卡盘(直立);(f) 分度头卡盘(倾斜)

当零件的生产批量较大时,可采用专用夹具或组合夹具安装工件。这样既能提高生产效率,又能保证产品质量。

2. 用专用夹具装夹

为了保证零件的加工质量,常用各种专用夹具装夹工件。专用夹具就是根据工件的几何形状及加工方式而特别设计的工艺设备,不但可以保证加工质量,提高劳动生产率,减轻劳动强度,而且可以使许多通用机床加工形状复杂的工件。

3. 用组合夹具装夹

组合夹具是由一套预先准备好的不同形状、不同规格尺寸的标准原件所组成的,使用时,可以根据工件形状和工序要求将标准原件装配成各种夹具。每个夹具用完以后便可拆开,并经清洗、油封后存放起来,需要时再重新组装成其他夹具。这种方法给生产带来极大的方便。

7.4　铣削的基本工作(Basic operation of milling)

7.4.1　铣平面(Flat surface milling)

卧式铣床和立式铣床均可进行平面铣削，常用的铣平面的方法如图 7-14 所示。铣平面时可以用端铣刀(见图 7-14(a)、(b))、圆柱铣刀(见图 7-14(c))、套式立铣刀(见图 7-14(d)、(e) 和(f))、三面刃铣刀(见图 7-14(g))和立铣刀(见图 7-14(h)和(i))等。

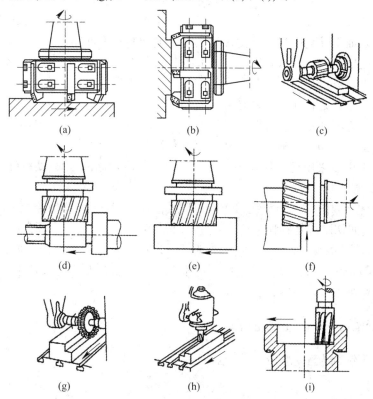

(a)　　　　　　　　(b)　　　　　　　　(c)

(d)　　　　　　　　(e)　　　　　　　　(f)

(g)　　　　　　　　(h)　　　　　　　　(i)

图 7-14　铣平面

平面加工既可以用周铣法，也可以用端铣法。

周铣法是指用铣刀的圆周刀齿加工平面(包括成形面)的方法，用圆柱铣刀、盘铣刀、立铣刀、成形铣刀等进行的加工都属于周铣法加工。周铣法有逆铣法和顺铣法(如图 7-15 所示)。

在切削部位刀齿的旋转方向与工件的进给方向相反的铣削为逆铣。逆铣(见图 7-15(a)) 时，每个刀齿的切削厚度从零增大到最大值。因此，刀齿在开始切削时，要在工件表面上挤压滑移一段距离后，才真正切入工件，从而增加了表面层的硬化程度，不但加速了后刀面的磨损，而且影响了工件的表面粗糙度。此外，切削力会使工件向上抬起，有可能产生振动。顺铣(见图 7-15(b))时，每个刀齿的切削厚度由最大减小到零，如果工件表面有硬皮，易打刀；切削力的方向使工件紧压在工作台上，所以加工比较平稳。

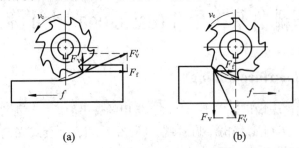

图 7-15　逆铣和顺铣

(a) 逆铣；(b) 顺铣

因此，从保证工件夹持稳固、提高刀具耐用度和减小表面粗糙度等方面考虑，以采用顺铣法为宜。但是，顺铣时忽大忽小的水平切削分力 F_f 与工件的进给方向是相同的，工作台进给丝杠与固定螺母之间一般都存在间隙，间隙在进给方向的前方，由于水平切削分力 F_f 的作用，会使工件连同工作台和丝杠一起向前窜动，造成进给量突然增大，甚至引起打刀。而逆铣时，F_f 与进给方向相反，铣削过程中工作台丝杠始终压向螺母，不会因为间隙的存在而引起工件窜动。目前，一般铣床上没有消除工作台丝杠与螺母之间间隙的机构，所以，在生产中仍多采用逆铣法。另外，加工表面硬度较高的工件(如铸件毛皮表面)也应当采用逆铣法。

端铣与周铣不同的是，周铣铣刀切削刃形成已加工表面，而端铣铣刀只有刀尖才形成已加工表面，端面切削刃是副切削刃，主要的切削工作由分布在外表面上的主切削刃完成。根据铣刀和工件之间相对位置的不同，端铣可分为对称铣削和不对称铣削。对称铣削是指刀齿切入工件与切出工件的切削厚度相同；不对称铣削是指刀齿切入时的切削厚度小于或大于切出时的切削厚度。

7.4.2　铣斜面(Angular surface milling)

常用的斜面铣削方法如图 7-16 所示。

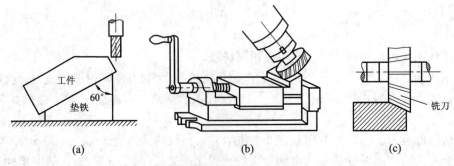

图 7-16　铣斜面

(1) 转动工件铣斜面：一般情况下先将工件要加工的斜面进行划线，然后按划线在平口钳或工作台上校正工件，夹紧后进行斜面铣削，也可利用可回转的平口钳、分度头、倾斜垫铁等带动工件转一角度铣斜面，如图 7-16(a)所示。

(2) 偏转铣刀铣斜面：通常通过在立式铣床上将立铣头主轴扳转所需的角度来实现，如图 7-16(b)所示。

(3) 用角度铣刀铣斜面：在有角度相符的角度铣刀时，可直接用来铣削斜面。这种方法适合铣削宽度较小的斜面，如图 7-16(c)所示。

7.4.3　铣沟槽(Slot milling)

铣床能加工的沟槽种类很多，如直槽、键槽、角度槽、燕尾槽、T 形槽、圆弧槽和齿槽等，如图 7-17 所示。

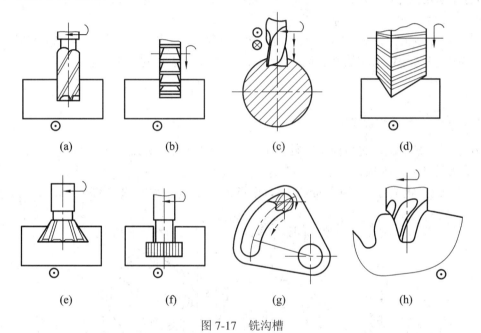

图 7-17　铣沟槽

(a) 立铣刀铣直槽；(b) 三面刃铣刀铣直槽；(c) 键槽铣刀铣键槽；(d) 铣角度槽；

(e) 铣燕尾槽；(f) 铣 T 形槽；(g) 立铣刀在圆形工作台上铣圆弧槽；(h) 指状铣刀铣齿槽

键槽有敞开式和封闭式两种，轴上的键槽通常是在铣床上加工的。用三面刃铣刀可以在卧式铣床上加工敞开式键槽，工件可用平口钳或分度头进行装夹。由于三面刃铣刀参加铣削的刀刃数多，刚性好，散热条件好，其生产率比键槽铣刀高。对于封闭式键槽，一般在立式铣床上铣削。当批量较大时，常在键槽铣床上加工。

铣圆弧槽要在回转工作台上进行。工件用压板螺栓直接装夹在圆工作台上或用三爪卡盘装夹在回转工作台上。装夹时，工件上圆弧槽的中心必须与回转工作台的中心重合。摇动回转工作台手轮带动工件做圆周进给运动，即可铣出圆弧槽。

麻花钻头、螺旋齿轮、蜗杆等工件上的螺旋槽常在卧式万能铣床上用万能分度头来配合加工。此时工件一方面随工作台做直线运动，同时又被分度头带动做旋转运动。

此外，在铣床上还可以铣成形面、曲面、齿形面，并可以进行钻孔、镗孔等。

7.5　齿形加工(Gear and its profile machining)

齿轮齿形的加工方法有切削加工与无屑加工等。无屑加工是近年来发展起来的新工艺，如采用热轧、冷轧、精锻及粉末冶金等方法加工齿轮，具有生产效率高，耗材少，成本低等特点。但它受材料塑性和加工精度的限制，目前应用还不广泛。对于精度要求低，表面较粗糙的齿轮也可以用铸造方法铸造。

下面仅介绍切削加工齿形的方法。按其加工齿形的原理可以分为以下两大类：

(1) 仿形法(或称成形法)：用与被切齿轮齿间形状相符的成形刀具直接铣出齿槽的加工方法，如铣齿、成形法磨齿等。

(2) 展成法(俗称范成法)：根据一对齿轮的啮合原理，把其中一个齿轮制成齿轮刀具，利用齿轮刀具与被切齿轮的啮合运动(或展成运动)切出齿形的加工方法，如滚齿、插齿、剃齿和展成法磨齿。

7.5.1　铣齿(Gear milling)

铣齿属于成形法。铣齿前，工件装夹在卧式铣床(或立式铣床)的分度头上，用一定模数的盘状铣刀(或指状铣刀)对齿槽进行铣削，如图 7-18 所示。铣齿时，当模数 $m \leqslant 20$ 时，用盘状铣刀；当模数 $m > 20$ 时，用指状铣刀。盘状铣刀和指状铣刀如图 7-19 所示。

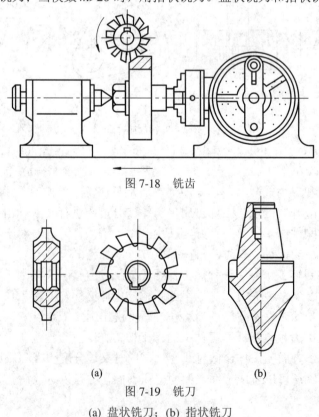

图 7-18　铣齿

图 7-19　铣刀

(a) 盘状铣刀；(b) 指状铣刀

铣齿时铣刀装在刀杆上旋转做主运动，工件紧固在心轴上，心轴安装在分度头和尾座顶尖之间，随工作台做直线进给运动。每铣完一个齿槽，铣刀沿齿槽方向退回，用分度头对工件进行分度，然后再铣下一个齿槽，直至加工出整个齿轮。

铣齿的工艺特点：

(1) 成本较低。同其他齿轮刀具相比较，成形齿轮铣刀结构简单，制造方便，而且在普通铣床上即可完成铣齿工作，因此铣齿的设备和刀具的费用较低。

(2) 生产率低。铣齿过程不是连续的，每铣一个齿槽都要重复消耗切入、切出、退刀和分度的辅助时间。

(3) 加工精度低。铣齿的精度主要取决于铣刀的齿形精度。模数相同而齿数不同的齿轮渐开线的形状是不一样的，从理论上讲，为了获得准确的渐开线齿形，对同一模数的每种齿数的齿轮都应该准备一把专用的成形铣刀，这就需要很多规格的铣刀，使生产成本大为增加，因此使用这么多的铣刀既不方便也不经济。实际生产中，为了降低生产成本，把同一模数的齿轮按齿数划分成若干组，通常分为 8 组或 15 组，同一组只用一个刀号的铣刀加工。表 7-1 所示为分成 8 组时，各号铣刀加工的齿数范围。而且为了保证铣出的齿轮在啮合时不致卡住，各号铣刀的齿形是按该组范围内最小齿数齿轮的齿形轮廓设计和制作的，在加工其他齿数的齿轮时，只能获得近似的齿形，将产生齿形误差。另外铣床所用分度头是通用附件，分度精度不高，所以，铣齿的加工精度较低。

铣齿的加工精度为 9 级或 9 级以下，齿面粗糙度为 3.2～6.3 μm。

表 7-1　齿轮铣刀的刀号

刀　号	1	2	3	4	5	6	7	8
加工的齿数范围	12～13	14～16	17～20	21～25	26～34	35～54	55～134	135 以上

铣齿不仅可以加工直齿、斜齿和人字齿圆柱齿轮，还可以加工齿条、锥齿轮及涡轮等，但仅适用于单件小批量生产或维修工作中加工精度不高的低速齿轮。

7.5.2　滚齿(Gear hobbing)

滚齿是利用齿轮滚刀(如图 7-20 所示)在滚齿机(如图 7-21 所示)上加工齿轮的轮齿的加工方法，其滚切原理是刀具和工件的运动相当于一对螺旋齿轮的啮合，如图 7-22 所示。

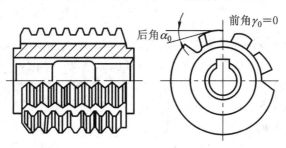

图 7-20　齿轮滚刀

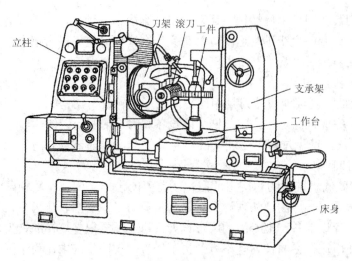

图 7-21 滚齿机

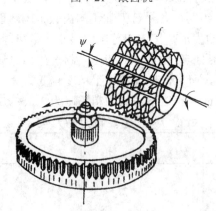

图 7-22 滚齿

滚刀可以看成齿数很少的螺旋齿轮。滚刀有齿条形的切削刃,可以和同一模数齿数的齿轮相啮合,因此用同一把滚刀可以加工任意齿数的齿轮。

滚切齿轮的切削运动如下:

主运动:指滚刀的旋转运动,用转速 n_0(r/min)表示。

分齿运动:指滚刀与齿坯之间强制保持一对螺旋齿轮啮合运动关系的运动,即

$$\frac{n_w}{n_0} = \frac{z_0}{z_w}$$

式中:n_0 和 n_w 分别为滚刀和被切齿坯的转速(r/min);z_0 和 z_w 分别为滚刀与被切齿轮的齿数。

分齿运动由滚齿机的传动系统来实现,齿坯的分度是连续的。

垂直进给运动:为切出整个齿宽,滚刀需要沿工件的轴向做进给移动,即垂直进给运动。称每分钟滚刀沿齿坯轴向移动的距离(mm/min)为垂直进给量。

与铣齿相比,滚齿加工的齿形精度高,生产效率高,齿表面粗糙度小,一般滚齿精度可达 IT7～IT8 级,齿表面粗糙度可达 3.2～6.3 μm。滚齿可以加工外啮合的直齿轮或斜圆柱齿轮,也可以加工蜗轮,但不能加工内齿轮和相距太近的多联齿轮。

7.5.3 插齿(Gear shaping)

插齿是在插齿机(如图 7-23 所示)上用插齿刀加工齿形的过程。其原理是刀具和工件的运动相当于一对圆柱齿轮传动。插齿刀实际上是一个用高速钢制造并磨出切削刃的齿轮。强制插齿刀在与齿坯间做啮合运动的同时，使插齿刀做上、下往复运动，即可在工件上加工出轮齿来。其刀齿侧面运动轨迹所形成的包络线即为被切齿轮的渐开线齿形。

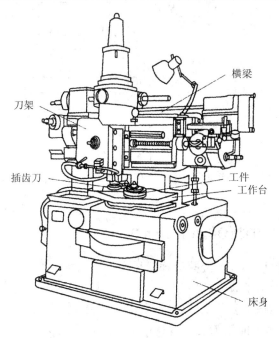

横梁

刀架

插齿刀

工件
工作台

床身

图 7-23　插齿机

插直齿圆柱齿轮时，用直齿插齿刀，其运动(见图 7-24)如下：

主运动：即插齿刀的上下往复直线运动。向下为切削行程，向上的返回行程是空行程。主运动以单位时间(每分钟或每秒)内往复行程的次数 n_r 表示，单位为 str/min(或 str/s)。

分齿运动：即插齿刀和齿坯之间被强制的啮合运动，也称为展成运动，保持一对传动齿轮的速比关系，即

$$\frac{n_w}{n_0} = \frac{z_0}{z_w}$$

式中：n_0 和 n_w 分别为插齿刀和齿坯的转速(r/min)；z_0 和 z_w 分别为插齿刀和被切齿轮的齿数。

径向进给运动：插齿时，插齿刀不能一开始就切到轮齿的全齿深，因此，在分齿的同时插齿刀要逐渐向工件中心移动，以切出全齿高，将这个运动称为径向进给运动。称插齿刀每往复一次径向移动的距离为径向进给量(mm/str)。当进给到要求的深度时，径向运动停止，而分齿运动继续进行，直到加工完成。

让刀运动：为了避免在返回行程中，插齿刀刀齿的后刀面与工件的齿面发生摩擦，齿坯要沿径向让开一段距离，在切削行程开始前，齿坯恢复原位，这种运动即为让刀运动。

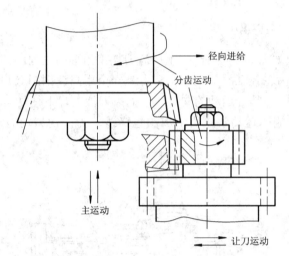

图 7-24　插齿运动

与滚齿相比，插齿加工精度高，表面质量好，精度一般可达 IT7～IT8 级，表面粗糙度可达 1.6 μm。插齿一般用于加工直齿圆柱齿轮，特别适用于滚刀不能加工的内齿轮和多联齿轮的加工。

7.5.4　其他齿形加工方法(Other method)

滚齿和插齿后的精度不高，经热处理后还会产生附加的变形，因此，IT7 级精度以上的齿轮还需要进行精加工。齿轮精加工的方法有剃齿、珩齿和磨齿等。

剃齿主要适用于滚齿、插齿后未经淬火(HRC≤35)的直齿或斜齿圆柱齿轮，其加工精度可达 IT5～IT6 级，齿表面粗糙度可达 0.1～0.8 μm，且齿轮的平稳性也有显著提高。

珩齿的加工原理与剃齿完全相同。珩齿所用的珩齿轮是由金刚砂与环氧树脂浇注或热压而成的，具有很高的齿形精度。珩齿过程具有磨、剃、抛光的综合加工性质，所以当珩齿轮高速旋转时，会在被加工齿轮的齿面上切除一层很薄的金属层。珩齿适用于加工淬火齿面硬度较高的齿轮，其齿表面粗糙度不大于 0.4 μm。因其加工余量小于 0.08 μm，故珩齿对齿形精度改善不大，主要是降低齿面的表面粗糙度。

磨齿的优点是可以有效地消除滚齿、插齿时产生的误差及热处理所引起的变形。磨齿精度可达 IT4～IT6 级，齿表面粗糙度可达 0.4 μm。但这种方法生产率低，成本高，一般精度低于 IT6 级的齿轮不进行磨削。

思考与练习(Thinking and exercise)

1. 铣削能完成哪些加工内容？
2. X6125 型铣床的主要组成部分及其作用是什么？
3. 卧式铣床和立式铣床的主要区别在哪里？
4. 铣刀有哪些种类？如何选用？
5. 常用的铣床附件有哪些？其主要作用是什么？
6. 铣削时有哪些装夹工件的方法？

7. 万能分度头可以完成哪些工作？试说明万能分度头的工作原理。

8. 顺铣和逆铣有何不同？实际应用情况如何？

9. 试述成形法和展成法的齿形加工原理有何不同？

10. 为什么插齿和滚齿的加工精度和生产率比铣齿高？滚齿和插齿的加工质量有什么差别？

第 8 章

刨削加工(Planning)

在刨床上用刨刀加工工件的过程称为刨削。刨削时的主运动为直线往复运动，进给运动是间歇的。

刨削类机床一般指牛头刨床(shaper)、龙门刨床(planer)和插床等。在牛头刨床上刨削时，刨刀的往复直线运动是主运动，工作台带动工件做间歇的进给运动。牛头刨床适合于加工中、小型零件。在龙门刨床上刨削时，工件随工作台的往复直线运动是主运动，刨刀做间歇的进给运动。龙门刨床主要用于加工大、中型零件，或一次安装几个中、小型零件，及进行多件同时刨削。

刨削主要用来加工平面(包括水平面、垂直面和斜面)，也广泛地用于加工直槽、燕尾槽和 T 形槽等。如果进行适当的调整和增加某些附件，还可以用来加工齿条、齿轮、花键和母线为直线的成形面等。刨削的主要工艺如图 8-1 所示。

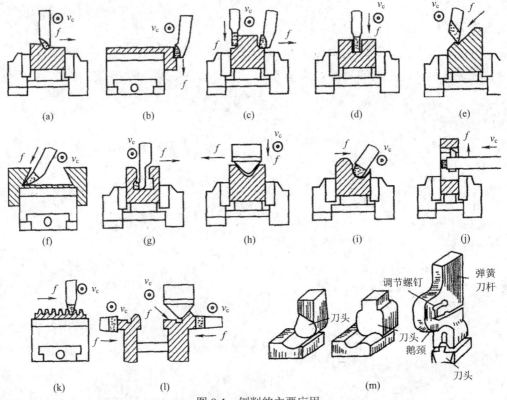

图 8-1 刨削的主要应用

(a) 刨平面；(b) 刨垂直面；(c) 刨台阶；(d) 刨垂直沟槽；(e) 刨斜面；(f) 刨燕尾槽；(g) 刨 T 形槽；
(h) 刨 V 形槽；(i) 刨曲面；(j) 刨内孔键槽；(k) 刨齿条；(l) 刨复合面；(m) 刨成形面

刨削加工具有成本低、适应性广、生产率较低的特点，因此一般用在单件小批或修配生产中。但是，当加工狭长平面如导轨、长直槽时(由于减少了进给次数)，或在龙门刨床上采用多工件、多刨刀刨削时，刨削生产率可能高于铣削。精刨平面的尺寸公差等级一般可达 IT9～IT8 级，表面粗糙度为 6.3～1.6 μm，刨削的直线度较高，可达 0.04～0.08 mm/m。

8.1　牛头刨床(Shaping machines)

8.1.1　牛头刨床的组成(Composition of shaping machines)

牛头刨床是刨削机床中应用较广的一种，适宜刨削长度不超过 1000 mm 的中、小型工件。下面以 B6065(旧编号为 B665)型牛头刨床为例对刨床的组成进行介绍。

图 8-2 为 B6065 型牛头刨床的结构示意图。其中，B 表示刨床类，60 表示牛头刨床，65 表示刨削工件的最大长度的 1/10，即最大刨削长度为 650 mm。牛头刨床主要由床身、滑枕、刀架、工作台、横梁、底座等部分组成。

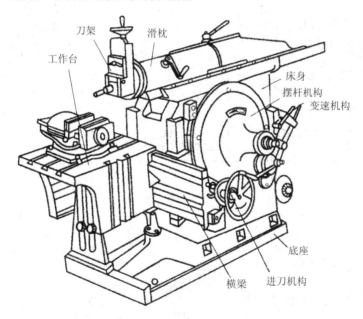

图 8-2　B6065 型牛头刨床

(1) 床身：用于支承和连接刨床的各部件。其顶面导轨供滑枕往复运动用，侧面导轨供工作台升降用。床身内部装有传动机构。

(2) 滑枕：主要用来带动刨刀做往复直线运动(即主运动)，其前端装有刀架。滑枕往复运动速度的快慢、行程的长短和位置均可根据加工位置进行调整。

(3) 刀架：主要用于夹持刨刀。摇动刀架手柄时，滑板便可沿转盘上的导轨带动刨刀上下移动。松开转盘上的螺母，将转盘扳转一定角度后，可使刀架斜向进给。滑板上还装有可偏转的刀座(又称刀盒或刀箱)，刀座上装有抬刀板，刨刀随刀夹安装在抬刀板上。在刨刀的返回行程时，刨刀随抬刀板绕 A 轴向上抬起，以减少刨刀与工件的摩擦。

(4) 工作台：用于安装工件。它可随横梁作上下调整，并可沿横梁做水平方向移动，实现间歇进给运动。

(5) 底座：主要用于支承床身，并通过地脚螺栓与地基相连。

8.1.2 牛头刨床的传动系统及机构调整

(Transmission system and mechanism adjusting of shaping machines)

牛头刨床的传动系统、各机构的运动及调整详见图 8-3，其中包括下述内容：

① 变速机构：由 1、2 两组滑动齿轮组成，轴 III 有 3×2＝6 种转速使滑枕变速。

② 摆杆机构：齿轮 3 带动齿轮 4 旋转，滑块 5 在摆杆 6 槽内滑动并带动 6 绕下支点 7 摆动，于是带动滑枕 8 做往复直线运动。

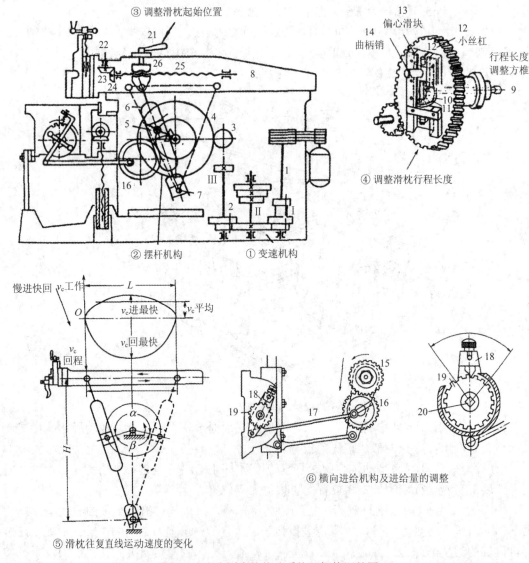

图 8-3　牛头刨床的传动系统及机构调整图

③ 调整滑枕起始位置：松开手柄 21，转动轴 22，通过 23、24 锥齿轮转动丝杠 25，由于固定在摇杆 6 上的丝母 26 不动，丝杠 25 带动滑枕 8 改变起始位置。

④ 调整滑枕行程长度：转动轴 9，锥齿轮 10 和 11、小丝杠 12 的转动使偏心滑块 13 移动，曲柄销 14 带动滑块 5 改变偏心位置，从而改变滑枕的行程长度。

⑤ 滑枕往复直线运动速度的变化：滑枕在各点上的往复运动速度都不一样。其工作行程转角为 α，空程转角为 β，α > β，因此回程时间较工作行程短，即慢进快回。

⑥ 横向进给机构及进给量的调整：齿轮 15 与齿轮 4 是一体的，齿轮 15 带动齿轮 16 转动，连杆 17 摆动拨爪 18，拨动棘轮 19 使丝杠 20 转一个角度，实现横向进给；反向时，由于拨爪后面是斜的，爪内弹簧被压缩，拨爪从棘轮齿顶滑过，因此工作台横向自动进给运动是间歇的。

8.1.3　刨刀及其装夹(Planning tool and its clamping)

1．刨刀

刨刀的形状与车刀相似，但由于刨削过程是不连续的，刨削冲击力易损坏刀具，因此刨刀的截面通常要比车刀大。为了避免刨刀扎入工件，刨刀的刀杆常做成弯头的。

刨刀的种类很多，其中，平面刨刀用来刨平面；偏刀用来刨垂直面或斜面；角度偏刀用来刨燕尾槽和角度；弯切刀用来刨 T 形槽及侧面槽；切刀及割槽刀用来切断工件或刨沟槽。此外还有成形刀，用来刨特殊形状的表面。常用的刨刀及其应用如图 8-4 所示。

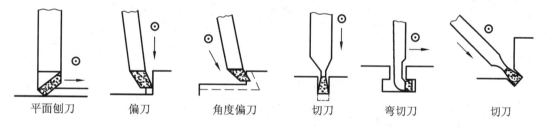

平面刨刀　　偏刀　　角度偏刀　　切刀　　弯切刀　　切刀

图 8-4　常用刨刀的形状及其应用

2．刨刀的装夹

装夹刨刀时刀头不宜伸出过长，否则会产生振动。直头刨刀的刀头伸出长度为刀杆厚度的一倍半，弯头刀的伸出量可长些。装刀和卸刀时，必须一手扶刀，一手用扳手夹紧或放松。无论装或卸，扳手的施力方向均须向下。

8.1.4　工件安装方法(Installation method of workpiece)

在刨床上安装工件的方法有平口钳安装、压板螺钉安装和专用夹具安装等。

1．平口钳安装工件

平口钳是一种通用夹具，经常用其安装小型工件。使用前先把平口钳固定在工作台上。装夹工件时，先找正工件的位置，然后夹紧。图 8-5(a)是用划针按划线来找正工件的位置。

如果工件的基准面是已加工表面，装夹时，可用手锤轻轻敲击工件，使工件与垫铁贴紧，如图 8-5(b)。

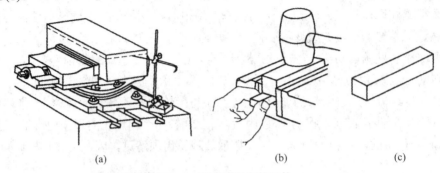

图 8-5　用平口钳安装工件

(a) 按划线找正安装；(b) 用垫铁垫高工件；(c) 平行垫铁

2．压板螺钉安装工件

有些工件较大或形状特殊，需要用压板螺钉和垫铁把工件直接固定在工作台上进行刨削，安装时先把工件找正，具体安装方法如图 8-6 所示。用压板螺钉在工作台上装夹工件时，根据工件装夹精度要求，也用划针、百分表等找正工件，或先划好加工线再进行找正。

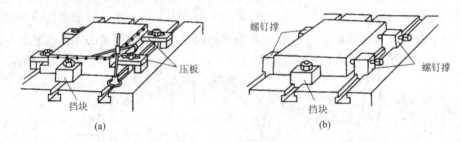

图 8-6　压板螺钉安装工件

(a) 用压板螺钉；(b) 用螺钉撑和挡块

3．专用夹具安装工件

采用专用夹具安装工件是一种较完善的安装方法，既可保证工件加工后的准确性，又安装迅速，不需花费找正时间，但要预先制造专用夹具，所以多用于成批生产。

8.1.5　刨削加工的基本工作(Basic operation of planning)

1．刨水平面

刨水平面的一般顺序如下所述。

(1) 根据工件加工表面的形状来选择和装夹刨刀。刨刀的几何形状与车刀相似，但因刨削时冲击和振动都很大，故刨刀刀杆的截面尺寸较大。刨刀的安装如图 8-7 所示。

(2) 根据工件的大小和形状确定工件的装夹方法，并夹紧工件。刨削时，小工件常用机用虎钳装夹，大工件可直接装夹在机床工作台上，工件前应加挡块，以免刨削时被推动。压板不应歪斜或悬伸太长。

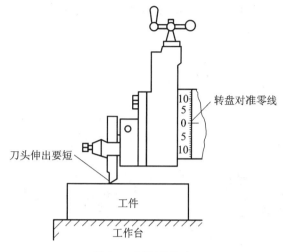

图 8-7 刨刀的装夹

(3) 调整机床。高速机床的调整步骤如下：

① 改变偏心滑块的偏心距，调整滑枕的行程长度，滑枕的行程长度应略长于工件加工平面的长度。

② 松开滑枕上的锁紧手柄，摇转丝杠，移动滑枕，以调整刨刀的起始位置，适应工件的加工。

③ 根据选定的滑枕每分钟的往复次数，扳动变速箱的手柄位置。

④ 拨动挡环的位置，调节进给量。

(4) 先进行试切，然后停车测量，再调整背吃刀量。当工件的加工余量较大时，可分几次切削。当工件表面质量要求较高时，粗刨后还要进行精刨。

2．刨垂直面和斜面

刨垂直面的方法如图 8-8 所示。此时应采用偏刀，将转盘对准零线，以便刨刀能沿垂直方向移动。刀座上端应偏离工件，以便返回行程时减少刨刀与工件的摩擦。

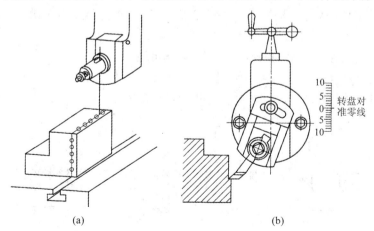

(a)　　　　　　　　　(b)

图 8-8 刨垂直面

(a) 按划线找正；(b) 调整刀架垂直进给

刨斜面的方法与刨垂直面基本相同，只是刀架转盘必须扳转一定角度，使刨刀能沿斜面方向移动，如图 8-9 所示。

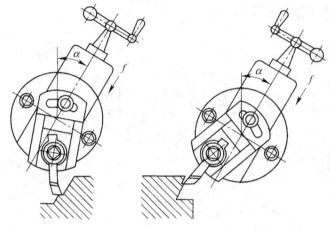

图 8-9　刨斜面

3．刨 T 形槽

刨 T 形槽前要先在工件的上平面和端面划出加工线，如图 8-10 所示。它的加工步骤如下所述。

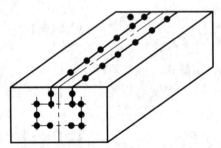

图 8-10　T 形槽工件的划线

(1) 先安装工件，在纵、横方向上进行找正，再用切槽刀刨出直角槽，使其宽度等于 T 形槽槽口的宽度，深度等于 T 形槽的深度，如图 8-11(a) 所示。

(2) 用弯头切刀刨削一侧的凹槽，如图 8-11(b) 所示。

(3) 换上方向相反的弯头切刀，刨削另一侧的凹槽，如图 8-11(c) 所示。

(4) 换上 45° 刨刀，完成槽口倒角，如图 8-11(d) 所示。

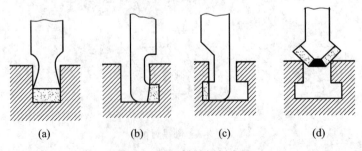

(a)　　　　　(b)　　　　　(c)　　　　　(d)

图 8-11　T 形槽的刨削步骤

4. 刨燕尾槽

燕尾槽的燕尾部分是两个对称的内斜面。其刨削方法是刨直槽和刨内斜面的综合，但需要专门刨燕尾槽的左、右偏刀。在其他各面刨好的基础上可按图 8-12 所示的步骤刨燕尾槽。

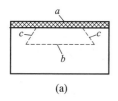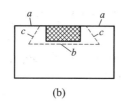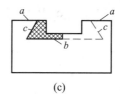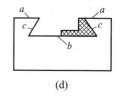

(a)　　　　　　　(b)　　　　　　　(c)　　　　　　　(d)

图 8-12　刨燕尾槽的步骤

矩形工件(如平行垫铁)要求相对两面互相平行、相邻两面互相垂直。这类工件一般可以铣削，也可以刨削。

8.2　龙门刨床(Double column planning machines)

龙门刨床因有一个"龙门"式的框架结构而得名。图 8-13 为 B2010A 型龙门刨床。其中，B 表示刨床类，20 表示龙门刨床，10 表示最大刨削宽度的 1/10，即最大刨削宽度为100 mm，A 表示机床结构经过一次重大改进。

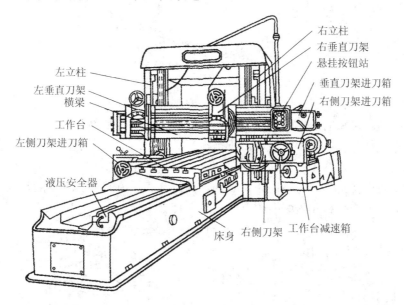

图 8-13　B2010A 型龙门刨床

龙门刨床与牛头刨床不同，它的主运动为工件的往复直线运动，进给运动为刨刀的间歇移动。刨削时，安装在工作台上的工件做主运动，横梁上的刀架可沿横梁导轨水平间歇移动，以刨削工件的水平面；在立柱上的侧刀架可沿立柱导轨垂直间歇移动，以刨削工件的垂直面；刀架还能绕转盘转动一定角度刨削斜面。横梁还可沿立柱导轨上、下升降，以调整刀具与工件的相对位置。刨削时要调整好横梁的位置和工作台的行程长度。龙门刨床主要用于加工大型零件上的大平面或长而窄的平面，也常用于同时加工多个中、小型零件的平面。

8.3 插床(Slotting machines)

图 8-14 为 B5020 型插床。其中，B 表示刨床类，50 表示插床，20 表示最大插削长度的 1/10，即最大插削长度为 200 mm。

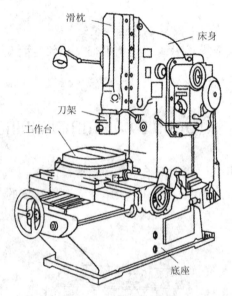

图 8-14 B5020 型插床

插床实际上是一种立式的刨床，它的结构原理与牛头刨床属于同一类型，只是在结构形式上略有区别。插床的滑枕带动刀具在垂直方向上、下往复移动为主运动。工作台由下拖板、上拖板及圆工作台三部分组成。下拖板可做横向进给，上拖板可做纵向进给，圆工作台可带动工件回转。

插床的主要用途是加工工件的内部表面，如方孔、长方孔、各种多边形孔和孔内键槽等。在插床上插削方孔和孔内键槽的方法如图 8-15 所示。

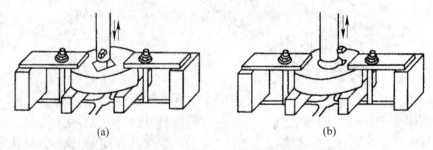

(a)   (b)

图 8-15 插削方孔和孔内键槽
(a) 插削方孔；(b) 插削孔内键槽

插床上多用三爪自定心卡盘、四爪单动卡盘和插床分度头等安装工件，亦可用平口钳和压板螺钉安装工件。

插削生产率低，一般用于工具车间、机修车间和单件、小批量生产中。

思考与练习(Thinking and exercise)

1. 刨削的主运动和进给运动分别是什么？龙门刨床和牛头刨床的主运动和进给运动有何不同？

2. 牛头刨床主要由哪几部分组成？各有何作用？

3. 为什么和直头刨刀相比常用弯头刨刀？

4. 插削适合加工什么表面？

5. 简述刨削加工的特点及应用范围。

第 9 章

磨削加工(Grinding)

　　磨削加工是对于机器零件的精密加工方法,可达到很高的加工精度和低的表面粗糙度。磨削的尺寸公差等级为 IT5～IT7,表面粗糙度为 0.2～0.8 μm;当采用小粒度砂轮磨削时,表面粗糙度可达到 0.008～0.1 μm。磨削既能加工一般金属材料,也能加工难以切削的各种硬质材料,如淬火钢等。

　　磨削的加工范围广泛,主要用于零件的内、外圆柱面,内、外圆锥面,平面及成形表面(如花键、螺纹齿轮)等的精加工,还可用于刃磨各种刀具和工具。常见的磨削加工形式如图 9-1 所示。

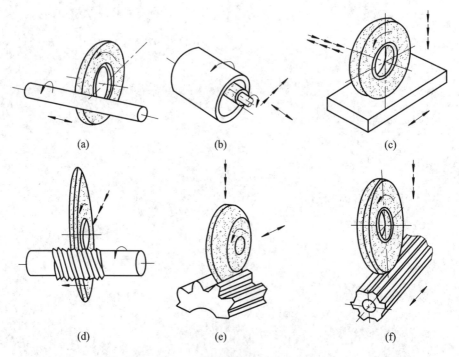

图 9-1　常见的磨削加工形式
(a) 磨外圆;(b) 磨内圆;(c) 磨平面;(d) 磨螺纹;(e) 磨齿轮齿形;(f) 磨花键

9.1　磨床(Grinding machines)

　　用磨具作为工具对工件进行磨削加工的机床统称为磨床。磨床按用途不同可分为外圆磨床、内圆磨床、平面磨床、无心外圆磨床、工具磨床、螺纹磨床、齿轮磨床以及其他各种专用磨床等。

下面介绍几种常用磨床的构造及其磨削工作。

9.1.1　外圆磨床(External cylindrical grinding machines)

外圆磨床用于磨削外圆柱面、外圆锥面和轴肩端面等，分为普通外圆磨床和万能外圆磨床。图 9-2 为 M1420 型万能外圆磨床的示意图。其中，M 表示磨床类，1 表示外圆磨床，4 表示万能外圆磨床，20 表示最大磨削直径的 1/10，即最大磨削直径为 200 mm。

M1420 型万能外圆磨床由床身、工作台、工件头架、尾架、砂轮架和电器操纵板等部分组成。

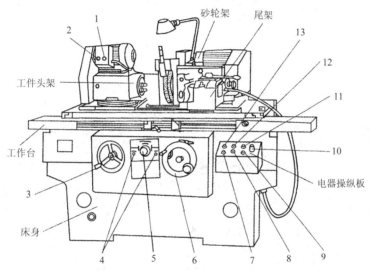

1—工件转动变速旋钮；2—工件转动点动按钮；3—工作台手动手轮；
4—工作台左、右端停留时间调整旋钮；5—工作台自动及无级调速旋钮；6—砂轮横向手动手轮；
7—砂轮启动按钮；8—砂轮引进、工件转动、切削液泵启动按钮；9—液压油泵启动按钮；
10—砂轮变速旋钮；11—液压油泵停止按钮；12—砂轮退出、工件停转、切削液泵停止按钮；13—总停按钮

图 9-2　M1420 型万能外圆磨床

万能外圆磨床各组成部分的作用如下所述：

(1) 床身。床身用于装夹各部件。其上部装有工作台和砂轮架，内部装有液压传动系统。

(2) 砂轮架。砂轮架用于装夹砂轮，并由单独的电动机带动砂轮旋转。砂轮的转动为主运动，由单独的电机驱动，有 1420 r/min 和 2850 r/min 两种转速。砂轮架可沿床身后部横向导轨前后移动，其方式有手动和快速引进、退出两种。

(3) 工作台。工作台上装有工件头架和尾架，用以装夹工件并带动工件旋转。工作台有两层，磨削时下工作台做纵向往复移动，以带动工件纵向进给，其行程长度可由挡块的位置调节。上工作台可相对于下工作台在水平面内扳转一个不大的角度，以便磨削圆锥面。

(4) 工件头架。工件头架内的主轴由单独的电动机带动旋转。主轴端部可装夹顶尖、拨盘或卡盘，以便装夹工件并带动工件旋转做圆周进给运动。工件头架可以使工件获得六种 60～

460 r/min 不同的转速。

(5) 尾架。尾架的功用是用后顶尖来支承长工件。它可在工作台上移动，并调整位置以装夹不同长度的工件。

万能外圆磨床与普通外圆磨床的主要区别：万能外圆磨床增设了内圆磨头，且砂轮架和工件头架的下面均装有转盘，能围绕自身的铅垂轴线扳转一定角度。因此，万能外圆磨床除了磨粗外圆和锥度较小的外圆锥面外，还可以磨削内圆和任意角度的内、外圆锥面。

9.1.2 内圆磨床(Internal grinders)

内圆磨床用于磨削内圆柱面、内圆锥面及孔内端面等。图 9-3 是 M2110 型内圆磨床的示意图。其中，M 表示磨床类，21 表示内圆磨床，10 表示磨削最大孔径的 1/10，即最大磨削孔径为 100 mm。

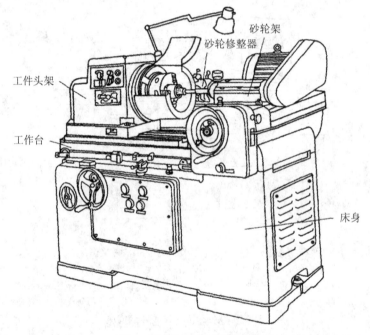

图 9-3 M2110 型内圆磨床

内圆磨床由床身、工作台、工件头架、砂轮架和砂轮修整器等部分组成。

砂轮架安装在床身上，由单独的电机驱动砂轮高速旋转提供主运动；砂轮架还可以横向移动，使砂轮实现横向进给运动。工件头架安装在工作台上，带动工件旋转做圆周进给运动；工件头架还可在水平面内扳转一定角度，以便磨削内锥面。工作台沿床身纵向导轨做往复直线移动，带动工件做纵向进给运动。内圆磨床的液压传动系统与外圆磨床相似。

9.1.3 平面磨床(Surface grinding machines)

磨平面是在铣、刨的基础上，在平面磨床上对平面进行精加工的方法。常用的平面磨床有卧轴、立轴矩台平面磨床和卧轴、立轴圆台平面磨床。各平面磨床的主运动都是砂轮的高速旋转，进给运动是砂轮和工作台的移动。

平面磨床用于磨削平面。图 9-4 是 M7120D 型卧轴矩台平面磨床的示意图。其中，M 表示磨床类，7 表示平面及端面磨床，1 表示卧轴矩台平面磨床，20 表示工作台宽度的 1/10，即工作台宽度为 200 mm，D 表示在性能和结构上做过四次重大改进。

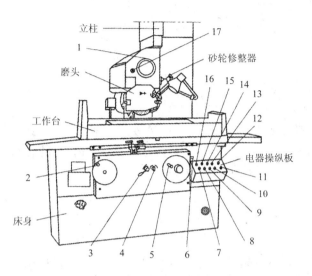

1—砂轮横向手动手轮；
2—工作台手动手轮；
3—工作台自动及无级调速手柄；
4—砂轮自动进给(断续或连续)旋钮；
5—砂轮升降手动手轮；
6—砂轮垂向进给微动手柄；
7—总停按钮；
8—液压油泵启动按钮；
9—砂轮上升点动按钮；
10—砂轮下降点动按钮；
11—电磁吸盘开关；
12—切削液泵开关；
13—砂轮高速启动按钮；
14—砂轮停止按钮；
15—砂轮低速启动按钮；
16—电源指示灯；
17—砂轮横向自动进给换向推拉手柄

图 9-4 M7120D 型卧轴矩台平面磨床

M7120D 型卧轴矩台平面磨床由床身、工作台、立柱、磨头、砂轮修整器和电器操纵板等部分组成。

磨头上装有砂轮，砂轮的旋转为主运动。砂轮由单独的电机驱动，有 1500 r/min 和 3000 r/min 两种转速，一般情况多用低速挡。磨头可沿拖板的水平横向导轨做横向移动或进给；磨头还可随拖板沿立柱垂直导轨做垂向移动或进给，多采用手动操纵。

长方形工作台装在床身的导轨上，由液压驱动做往复运动，并带动工件纵向进给(使用手柄)。工作台也可以使用手轮来手动移动。工作台上装有电磁吸盘，用以安装工件，使用电磁吸盘开关便可实现工件的安装。

9.1.4 无心外圆磨床(External cylindrical centerless grinding machines)

1. 无心外圆磨床的工作原理

无心外圆磨床的结构完全不同于一般的外圆磨床，其工作原理如图 9-5 所示。磨削时，工件不需要夹持，而是放在砂轮与导轮之间，由托板支承着；工件轴线略高于砂轮与导轮轴线，以避免工件在磨削时产生圆度误差；工件由橡胶结合剂制成的导轮带动做低速旋转，并由高速旋转的砂轮对工件进行磨削。

导轮轴线相对于工件轴线倾斜一个角度 $\alpha(10° \sim 50°)$，以使导轮与工件接触点的线速度 $v_导$ 分解为两个速度，一个是沿工件圆周切线方向的 $v_工$，另一个是沿工件轴线方向的 $v_通$。因此，工件一方面旋转做圆周进给，另一方面做轴向进给运动。工件从两个砂轮间通过后，即完成外圆磨削。导轮倾斜 α 角后，为了使工件表面与导轮表面保持线接触，应当将导轮母线修整成双曲线形。

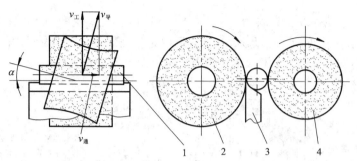

1—工件；2—磨削轮；3—托板；4—导轮

图 9-5　无心外圆磨床工作原理

无心外圆磨削的优点是生产率高，工件尺寸稳定，不需要夹具，操作技术要求不高；缺点是工件圆周面上不允许有键槽或小平面，对于套筒类零件不能保证内、外圆的同轴度要求，机床的调整较费时。这种方法适用于成批、大量生产光滑的销、轴类零件。

2．无心外圆磨床的传动原理

与机械传动相比，液压传动具有工作平稳、无冲击、无振动、调速和换向方便以及易于实现自动化等优点，用在以精加工为目的的磨床上尤为适合。图 9-6 为工作台纵向往复运动的液压传动原理简图。工作时，油泵经滤油器将油从油箱中吸出，转变为高压油，经过转阀、节流阀、换向阀后输入油缸的右腔，推动活塞、活塞杆及工作台向左移动；油缸左腔中的油则经换向阀流入油箱。当工作台移至行程终点时，固定在工作台前侧面的右挡块自右向左推动换向杠杆，并连同换向阀的活塞杆和活塞一起向左移至虚线位置。于是，高压油便流入油缸的左腔，使工作台返回，油缸右腔的油也经换向阀流回油箱。如此反复循环，从而实现工作台的纵向往复运动。

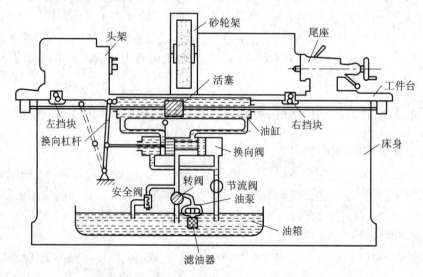

图 9-6　磨床传动原理

工作台的行程长度和位置可通过改变行程挡块之间的距离和位置来调节。当转阀转过 90° 时，油泵中输出的高压油全部流回油箱，工作台停止不动。安全阀的作用是使系统中维持一定的油压，并把多余的高压油排入油箱。

9.2　砂轮(Grinding wheel)

9.2.1　砂轮的磨削原理及特性

(Grinding principle and characteristics of grinding wheel)

砂轮是磨削的主要工具，是由细小而坚硬的磨料加结合剂制成的疏松的多孔体(如图9-7 所示)。砂轮表面上杂乱地排列着许多磨粒，磨粒的每一个棱角都相当于一个切削刃，整个砂轮就相当于一把具有无数切削刃的铣刀。磨削时砂轮高速旋转，便可切下粉末状切屑。

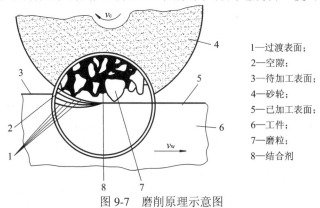

1—过渡表面；
2—空隙；
3—待加工表面；
4—砂轮；
5—已加工表面；
6—工件；
7—磨粒；
8—结合剂

图 9-7　磨削原理示意图

砂轮的特性包括：磨料、粒度、结合剂、硬度、组织、形状及尺寸。

(1) 磨料。磨料是制造砂轮的主要原料，直接担负着切削工作，必须具有高的硬度以及良好的耐热性，并具有一定的韧性。常用的磨料有棕刚玉(A)、白刚玉(WA)、黑碳化硅(C)和绿碳化硅(GC)。棕刚玉(A)用于加工硬度较低的塑性材料，如中、低碳钢和低合金钢等；白刚玉(WA) 用于加工硬度较高的塑性材料，如高碳钢、高速钢和淬硬钢等；黑碳化硅(C)用于加工硬度较低的脆性材料，如铸铁、铸铜等；绿碳化硅(GC)用于加工高硬度的脆性材料，如硬质合金、宝石、陶瓷和玻璃等。

(2) 粒度。粒度表示磨粒的大小程度，粒度号越大，颗粒越小。粗颗粒用于粗加工，细颗粒用于精加工。磨软材料时，为防止砂轮堵塞，用粗磨粒；磨削脆、硬材料时，用细磨粒。

(3) 结合剂。结合剂的作用是将磨粒黏结在一起，使之成为具有一定形状和强度的砂轮。常用的结合剂有陶瓷结合剂(V)、树脂结合剂(B)、橡胶结合剂(R)和金属结合剂(M)四种。陶瓷结合剂应用最广，适用于外圆、内圆、平面、无心磨削和成形磨削的砂轮等；树脂结合剂适用于切断和开槽的薄片砂轮及高速磨削砂轮；橡胶结合剂适用于无心磨削导轮、抛光砂轮；金属结合剂适用于金刚石砂轮等。

(4) 硬度。砂轮的硬度是指砂轮上的磨粒在磨削力的作用下，从砂轮表面脱落的难易程度。磨粒易脱落，表明砂轮硬度低；反之，则表明砂轮硬度高。国标中对磨具硬度规定了 16 个级别：D，E，F(超软)；G，H，J(软)；K，L(中软)；M，N(中)；P，Q，R(中硬)；S，T(硬)；Y(超硬)。普通磨削常用 G～N 级硬度的砂轮。工件的材料硬，磨削时砂轮的硬度应选得软些；工件的材料软，砂轮的硬度应选得硬些。

(5) 组织。砂轮的组织表示砂轮结构的松紧程度，是指磨粒、结合剂和气孔三者所占体积的比例。砂轮组织分为紧密、中等和疏松三大类，共 16 级(0～15)，常用的是 5、6 级。级数越大，砂轮越松。

(6) 形状及尺寸。为了适应磨削各种形状和尺寸的工件，砂轮可以做成各种不同的形状和尺寸。砂轮的形状有平面、筒形、碗形、杯形、碟形和薄片形等，如图 9-8 所示。

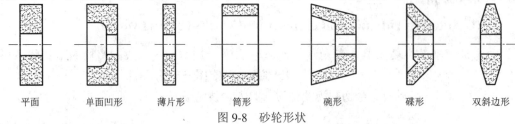

平面　　单面凹形　　薄片形　　筒形　　碗形　　碟形　　双斜边形

图 9-8　砂轮形状

9.2.2　砂轮的安装及修整(Installation and trimming of grinding wheel)

因砂轮在高速下工作，故安装前必须经过外观检查，不应有裂纹，并经过平衡试验，如图 9-9 所示。砂轮的安装方法如图 9-10 所示。大砂轮通过台阶法兰盘装夹，如图 9-10(a)所示；不太大的砂轮用法兰盘直接装在主轴上，如图 9-10(b)所示；小砂轮用螺母紧固在主轴上，如图 9-10(c)所示；更小的砂轮可粘固在轴上，如图 9-10(d)所示。

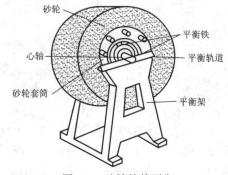

图 9-9　砂轮的静平衡

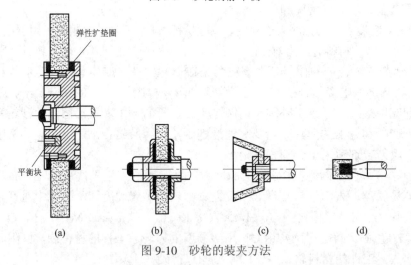

(a)　　(b)　　(c)　　(d)

图 9-10　砂轮的装夹方法

砂轮工作一定时间后，磨粒逐渐变钝，砂轮工作表面的空隙被堵塞，砂轮的正确几何形状便被破坏。这时必须进行修整，将砂轮表面变钝了的磨粒切去，以恢复砂轮的切削能力及正确的几何形状，如图 9-11 所示。

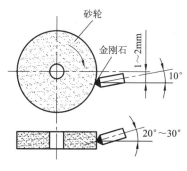

图 9-11　砂轮的修整

9.3　磨削加工的基本工作(Basic operation of grinding)

9.3.1　磨外圆(Cylindrical grinding)

1. 工件的安装

在外圆磨床上安装工件的方法常用的有顶尖安装、卡盘安装和心轴安装等。

(1) 顶尖安装。轴类工件常用顶尖安装。安装时，工件支持在两顶尖之间，如图 9-12 所示，其安装方法与车削中所用方法基本相同。但磨床所用的顶尖(死顶尖)均不随工件一起转动，这样可以提高加工精度，避免由于顶尖转动带来的径向跳动误差。后顶尖是靠弹簧推力顶紧工件的，这样可以自动控制松紧程度，避免工件因受热伸长带来的弯曲变形。

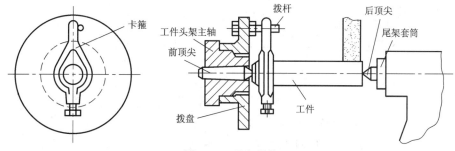

图 9-12　顶尖安装

(2) 卡盘安装。磨削短工件的外圆时可用三爪自定心卡盘或四爪单动卡盘安装工件，如图 9-13(a)、(b)所示。其安装方法与车床基本相同。用四爪单动卡盘安装工件时，要用百分表找正。对形状不规则的工件还可采用花盘安装。

(3) 心轴安装。盘套类空心工件常以内孔定位磨削外圆。此时，常用心轴安装工件，如图 9-13(c)所示。常用的心轴种类与车床上使用的相同，但磨削用的心轴精度要求更高些，多用锥度心轴，其锥度一般为 1/5000～1/7000。心轴在磨床上的安装与车床一样，也是通过顶尖安装的。

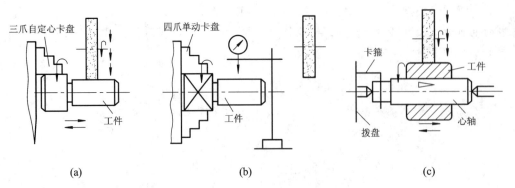

图 9-13　外圆磨床上用卡盘和心轴安装工件

(a) 三爪自定心卡盘装夹；(b) 四爪单动卡盘装夹及其找正；(c) 锥度心轴装夹

2．磨外圆的方法

工件的外圆一般在普通外圆磨床或万能外圆磨床上磨削。在外圆磨床上磨削外圆的方法常用的有纵磨法、横磨法、混合磨法和深磨法，如图 9-14 所示。

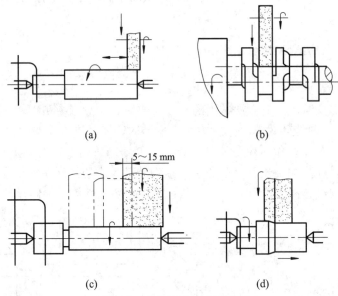

图 9-14　在外圆磨床上磨外圆

(a) 纵磨法；(b) 横磨法；(c) 混合磨法；(d) 深磨法

(1) 纵磨法：砂轮高速旋转为主运动，工件旋转并和磨床工作台一起往复直线运动分别为圆周进给运动和纵向进给运动。工件每转一周的纵向进给量为砂轮宽度的三分之二，致使磨痕互相重叠。每当工件一次往复行程终了时，砂轮做周期性的横向进给(背吃刀量)。由于每次磨削的深度很小，经多次横向进给才会磨去全部磨削余量。纵磨法散热条件较好，加工精度和表面质量较高，具有较大的适应性，可以用一个砂轮加工不同长度的工件，但生产率较低，适用于单件、小批生产及精磨，特别适用于细长轴的磨削。

(2) 横磨法：又称切入法，磨削时工件不做纵向往复移动，而由砂轮以较慢速度做连续的横向进给，直至磨去全部磨削余量。这种方法生产率高，但由于砂轮和工件的接触面积大，磨削力大，发热量多，磨削温度高，散热条件差，工件容易产生热变形和烧伤现象，且因背向力 F_p 大，工件易产生弯曲变形。由于无纵向进给运动，磨痕明显，因此工件表面粗糙度较纵磨法大。横磨法一般用于大批、大量生产中磨削刚性较好、长度较短的外圆以及两端都有台阶的轴颈。

(3) 混合磨法：先用横磨法将工件表面分段进行粗磨，相邻两段间有 5～15 mm 的搭接，工件上留有 0.01～0.03 mm 的余量，然后用纵磨法进行精磨。混合磨法综合了横磨法和纵磨法的优点。

(4) 深磨法：磨削时用较小的纵向进给量(一般取 1～2 mm/r)把全部余量(一般为 0.2～0.6 mm)在一次走刀中全部磨去。磨削用的砂轮前端修磨成锥形或阶梯形，砂轮的最大外圆面起精磨和修光作用，锥形或其余阶梯面起粗磨或半精磨作用。深磨法的生产率约比纵磨法高一倍，但修整砂轮较复杂，只适用于大批量生产刚度大并允许砂轮越出加工面两端较大距离的工件。

9.3.2　磨内圆(Internal grinding)

磨削内圆通常在内圆磨床或万能外圆磨床上进行。内圆磨削的方法有纵磨法和横磨法两种，其操作方法和特点与磨削外圆相似。纵磨法应用最为广泛。

磨削内圆时，工件大多以外圆和端面作为定位基准。通常，采用三爪自定心卡盘、四爪单动卡盘、花盘及弯板等夹具安装工件，其中最常用的是用四爪单动卡盘通过找正安装工件，如图 9-15 所示。

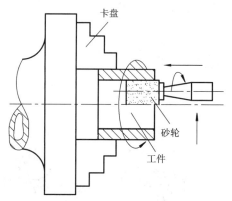

图 9-15　磨内圆示意图(俯视图)

磨内圆(孔)与磨外圆相比，由于受工件孔径的限制，砂轮轴直径一般较小，且悬伸长度较长，刚度差，磨削时易产生弯曲变形和振动，磨削用量小，因此生产率较低；又由于砂轮直径较小，尽管它的转速很高(一般为 10 000～20 000 r/min)，但砂轮的圆周速度较低，加上冷却排屑条件不好，工件易发热变形，砂轮易堵塞，因此表面粗糙度也不易获得较小值。由于上述原因，磨内圆时为了提高生产率和加工精度，砂轮和砂轮轴应尽可能选用较大的直径，砂轮轴的悬伸长度应尽可能的短。

作为孔的精加工，成批生产中常用铰孔，大量生产中常用拉孔。由于磨孔具有万能性，不需要成套的刀具，在单件小批生产中应用较多。特别是对于淬硬件，磨孔仍是孔精加工的主要方法。

9.3.3　磨圆锥面(Cone surface grinding)

磨圆锥面与磨外圆和磨内孔的主要区别是工件和砂轮的相对位置不同。磨圆锥面时，工件轴线必须相对于砂轮轴线偏斜一圆锥斜角。常用转动上工作台或转动头架的方法磨锥面。

9.3.4　磨平面(Plane grinding)

平面一般使用平面磨床进行磨削。

1．工件的安装

磨削中、小型工件的平面常采用电磁吸盘工作台吸住工件，对于钢、铸铁等导磁工件，可直接安装在工作台上，对于铜、铝等非导磁性工件，要通过精密平口钳等工具进行装夹。当磨削键、垫圈、薄壁套等尺寸小而壁较薄的零件时，由于零件与工作台接触面积小，吸力弱，容易被磨削力弹出去而造成事故，因此安装这类零件时，须在工件四周或左右两端用挡铁围住，以免工件移动。

2．磨平面的方法

根据磨削时砂轮工件表面的不同，平面磨削的方式有两种，即周磨法和端磨法，如图9-16所示。

(1) 周磨法：用砂轮圆周面磨削平面，如图 9-16(a)所示。周磨时，砂轮与工件接触面积小，排屑及冷却条件好，工件发热量少，因此磨削易翘曲变形的薄片工件能获得较好的加工质量，但磨削效率较低。

(2) 端磨法：用砂轮端面磨削平面，如图 9-16(b)所示。端磨时，由于砂轮轴伸出较短，而且主要受轴向力，因而刚性较好，能采用较大的磨削用量。此外，砂轮与工件接触面积大，因而磨削效率也较高。但因端磨法发热量大，也不易排屑和冷却，故加工质量较周磨法低。

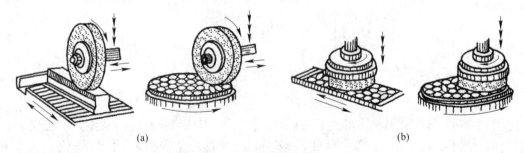

(a)　　　　　　　　　　　　　　　　　(b)

图 9-16　磨平面的方法

(a) 周磨法；(b) 端磨法

思考与练习(Thinking and exercise)

1. 磨削加工的特点是什么？
2. 万能外圆磨床由哪几部分组成？各有何作用？与普通外圆磨床有何区别？
3. 磨削外圆时，工件和砂轮需做哪些运动？

4. 常见的外圆磨削方式有哪几种？

5. 平面磨削常用的方法有哪几种？各有何特点？如何选用？

6. 平面磨削时，工件常用什么固定？

7. 砂轮的硬度指的是什么？

8. 磨削内圆和磨削外圆相比较有哪些特点？为什么？

9. 综合比较轴类外圆柱表面的几种磨削方法以及应用场合。

10. 磨削可以加工的表面有哪些类型？

第 10 章

镗削加工和拉削加工(Boring and broaching)

10.1 镗 削 加 工(Boring)

镗削加工主要在镗床上进行，其中卧式镗床是应用最广泛的一种。

镗床用于大型或形状复杂的工件上孔和孔系的加工。在镗床上除了能进行镗孔工作外，还能进行钻孔，扩孔，铰孔及加工端面，外圆柱面，内、外螺纹等工作。由于镗刀结构简单，通用性大，既可进行粗加工，又可进行半精加工及精加工，因此特别适用于批量较小的加工中。镗孔的质量(指孔的形状和位置精度)主要取决于镗床的精度。

图 10-1 为普通卧式镗床的外形图及其各部件的位置关系及运动简图。床身上装有前立柱、后立柱和工作台，装有主轴和转盘的主轴箱安装在前立柱上，后立柱上装有可上下移动的尾架。当镗深孔或离主轴端面较远的孔时，镗杆加长因而刚性变差，可用尾架或镗模支承镗杆。镗床主轴箱可沿立柱的导轨做垂直的进给运动。在镗床上进行镗孔加工时，镗刀可以安装在镗刀杆上，也可以安装在主轴箱外端的大转盘上，它们都可以旋转，以实现纵向进给。进给运动可以由工作台带动工件来完成。安放工件的工作台可做横向和纵向的进给运动，还可回转任意角度，以适应在工件不同方向的垂直面上镗孔的需要。此外，镗刀主轴可做轴向移动，以实现纵向进给，当镗刀安装在大转盘上时，还可以实现径向的调整和进给。

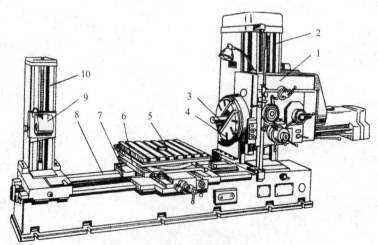

1—变速箱；

2—前立柱；

3—主轴；

4—转盘；

5—回转工作台；

6—横向工作台；

7—纵向工作台；

8—导轨；

9—尾座；

10—后立柱

图 10-1　卧式镗床

镗刀主要分单刃镗刀和浮动式镗刀，如图 10-2 所示。单刃镗刀的结构与车刀类似，使用时用螺钉将其装夹在镗刀杆上。其中图 10-2(a)为不通孔镗刀，刀头倾斜安装；图 10-2(b)为通孔镗刀，刀头垂直安装。单刃镗刀刚度差，镗孔时孔的尺寸是由操作者调整镗刀头保证的。双刃浮动式镗刀见图 10-2(c)，在对角线的方向上有两个对称的切削刃，两个切削刃间的距离可以调整，刀片不需固定在镗刀杆上，而是插在镗杆的槽中并能沿径向自由滑动，依靠作用在两个切削刃上的径向力自动平衡其位置，因此可消除因镗刀安装或镗杆摆动所引起的不良影响，以提高加工质量，同时能简化操作，提高生产率。但它与铰刀类似，只适用于精加工，能保证孔的尺寸公差，不能校正原孔轴线偏斜或位置偏差。

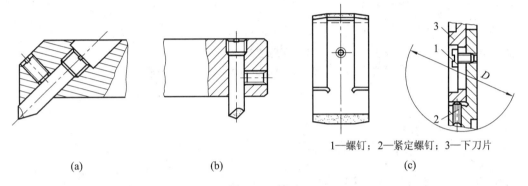

1—螺钉；2—紧定螺钉；3—下刀片

(a)　　　　　　(b)　　　　　　(c)

图 10-2　镗刀

(a) 盲孔单刃镗刀；(b) 通孔单刃镗刀；(c) 浮动式镗刀

镗孔不像钻孔、扩孔、铰孔，需要许多尺寸不同的刀具，一把镗刀就可以加工出不同尺寸的孔，而且可以保证孔中心线的准确位置及相互位置精度。镗孔的生产率低，要求较高的操作技术，这是因为镗孔的尺寸精度要依靠调整刀具位置来保证，对工人技术水平的依赖度也较高。在成批生产中通常采用专用镗床，孔与孔之间的位置精度靠镗模的精度来保证。一般镗孔的尺寸公差等级为 IT8～IT7，表面粗糙度为 1.6～0.8 μm；精细镗时，尺寸公差等级可达 IT7～IT6，表面粗糙度为 0.8～0.2 μm。镗孔主要用于加工机座、箱体、支架等大型零件上孔径较大、尺寸精度和位置精度要求高的孔系。

10.2　拉削加工(Broaching)

在拉床上用拉刀加工工件称为拉削。拉削是优质、高效的先进加工方法。

10.2.1　拉孔(Hole broaching)

图 10-3 为卧式拉床示意图。拉孔(hole broaching)是用拉刀在拉床上加工孔的过程。拉刀的类型如图 10-4 所示。拉刀的结构如图 10-5 所示。

拉削过程如图 10-6 所示。拉刀以切削速度 v_c 做主运动，进给运动是由后一个刀齿高出前一个刀齿(齿升量为 a_f)来完成的，从而能在一次行程中一层一层地从工件上切去多余的金属层，获得所要求的表面。

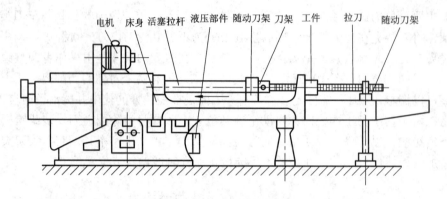

图 10-3　卧式拉床示意图

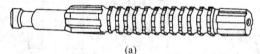

(a)

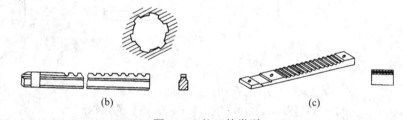

(b)　　　　　　　　　　　(c)

图 10-4　拉刀的类型

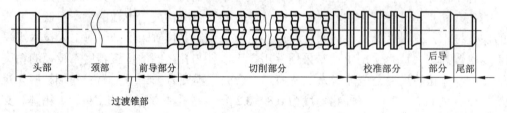

图 10-5　拉刀的结构

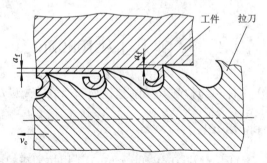

图 10-6　拉削过程

　　拉孔时，工件的预制孔不必精加工，工件也不需夹紧，工件以端面靠紧在拉床的支承板上，因此工件的端面应与孔垂直，否则容易损坏拉刀。如果工件的端面与孔不垂直，则应采用球面自动定心的支承垫板(见图 10-7)来补偿，通过球形支承垫板的略微转动，可以使工件上的孔自动地调整到与拉刀轴线一致的方向。

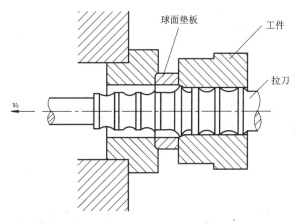

图 10-7　拉孔操作的球形垫板

拉削加工具有如下特点：

(1) 生产率高。拉刀同时工作的刀齿多，一次行程能够完成粗、精加工。

(2) 拉刀耐用度高。拉削速度低，每齿的切削厚度很小，切削力小，切削热也少。

(3) 加工精度高。拉削的尺寸公差等级一般可达 IT7～IT8 级，表面粗糙度为 0.4～0.8 μm。

(4) 拉床只有一个主运动(直线运动)，结构简单，操作方便。

(5) 加工范围广。拉削可以加工圆形及其他形状复杂的通孔、平面及其他没有障碍的外表面，但不能加工台阶孔、不通孔和薄壁孔。

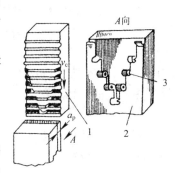

1—拉刀；2—工件；3—切屑

图 10-8　渐进式拉刀拉削平面

(6) 拉刀成本高，刃磨复杂，除标准化和规格化的零件外，在单件、小批生产中很少应用。

10.2.2　拉平面(Plane broaching)

由于拉刀制造、刃磨复杂，成本高，因此拉削多用于大批、大量生产加工要求较高且面积不太大的平面。当拉削平面的面积较大时，为减小拉削力，也可采用渐进式拉刀进行加工(如图 10-8 所示)。

思考与练习(Thinking and exercise)

1. 试述卧式镗床的结构组成及加工工艺。

2. 镗床镗孔与车床镗孔有何不同？各适合于什么场合？

3. 拉孔为什么无需精确的预加工？拉削能否保持孔与外圆的同轴度要求？

4. 简述拉削加工具有的特点。

第 11 章

特种加工(Non-traditional machining)

11.1 概 述(Brief introduction)

11.1.1 特种加工的产生和发展(Generation and development of NTM)

随着材料科学、高新技术的发展和激烈的市场竞争,为了满足发展尖端国防及科学研究的急需,新产品更新换代日益加快。各种新材料、新结构、形状复杂的精密机械零件大量涌现,对机械制造业提出了一系列迫切需要解决的新问题:

(1) 解决各种难切削材料的加工问题。如硬质合金、钛合金、耐热钢、不锈钢、金刚石、宝石、石英以及锗、硅等各种高硬度、高强度、高韧性、高脆性的金属及非金属材料的加工。

(2) 解决各种特殊复杂表面的加工问题。如喷气涡轮机叶片、整体涡轮、发动机机匣、锻压模和注射模的立体成形表面,炮管内膛线、喷油嘴、栅网、喷丝头上的小孔、窄缝等的加工。

(3) 解决各种超精、光整或具有特殊要求的零件的加工问题。如对表面质量和精度要求很高的航天航空陀螺仪、伺服阀,及细长轴、薄壁零件、弹性元件等低刚度零件的加工。

要解决上述一系列工艺问题,仅仅依靠传统的切削加工方法很难实现,甚至根本无法实现,人们相继探索研究新的加工方法,特种加工(Non-traditional machining,NTM)就是在这种前提条件下产生和发展起来的。

传统切削加工的本质和特点:一是靠刀具材料比工件更硬;二是靠机械能把工件上多余的材料切除。特种加工与切削加工的不同之处在于它是直接利用电能、光能、声能、磁能、热能、化学能等一种能量或几种能量的复合形式进行加工的方法。其主要具有如下特点:

(1) 主要借助于其他能量形式(如电能、光能、化学能、电化学能等)来加工材料;

(2) 工具的硬度可以低于被加工材料的硬度;

(3) 加工过程中工具与工件间不存在明显的机械切削力。

11.1.2 特种加工的分类(Classification of NTM)

特种加工一般可以按能量来源以及加工原理的形式分类,如表 11-1 所示。

表 11-1　常见特种加工方法分类

加工方法		能量来源及形式	加工原理	英文缩写
电火花加工	电火花成形加工	电能、热能	熔化、气化	EDM
	电火花线切割加工	电能、热能	熔化、气化	WEDM
电化学加工	电解加工	电化学能	电化学阳极溶解	ECM
	电解磨削	电化学、机械能	阳极溶解、磨削	EGM
	电铸	电化学能	电化学阴极沉积	EFM
	涂镀	电化学能	电化学阴极沉积	EPM
超声加工	超声切割、打孔等	声能、机械能	磨料高频撞击	USM
高能束流加工	激光加工	光能、热能	熔化、气化	LBM
	电子束加工	电能、热能	熔化、气化	EBM
	离子束加工	电能、动能	原子撞击	IBM

特种加工方法中还包括化学加工、快速成形技术等。按能量作用形式的数量，特种加工技术可分为单一能量特种加工方法和复合能量特种加工方法；按是否达到工件成形的要求，可分为成形加工和表面改性加工，例如电火花表面强化、激光表面处理、电子束曝光等。

11.1.3　特种加工对制造工艺技术的影响

(Influence of NTM on manufacturing technology)

特种加工技术的特点以及逐渐广泛的应用引起了机械制造工艺技术领域内的许多变革，如材料的可加工性、工艺路线的安排、新产品的试制周期、产品零件的结构设计、重新衡量传统结构工艺的标准等。

(1) 材料的可加工性。以往认为金刚石、淬火钢、陶瓷等是很难加工的。对于电火花加工、电解加工、激光加工等，材料的可加工性不再与材料的机械性能直接相关。

(2) 改变了零件的典型工艺路线。除磨削外，其他切削加工、成形加工等都必须安排在淬火处理工序之前加工完毕，但特种加工技术的出现改变了这种限制。由于特种加工技术不受工件硬度的影响，为了避免因热处理变形，一般应先热处理后加工。

(3) 试制新产品时，可以采用数控电火花线切割直接加工出各种二维曲面体和三维直廓曲面体。这样可以省去设计和制造相应的刀具、夹具、量具、模具及二次工具，大大缩短了试制周期，降低了试制成本。

(4) 对零件的结构设计带来了极大的影响。例如，对于花键孔、轴等的齿根部分，从设计观点，为了减少应力集中，最好做成小圆角，但拉削加工时刀齿做成圆角对排屑不利，容易磨损，所以刀齿只能设计、制造成尖棱尖角的齿根，而用电解加工时由于存在尖角变圆现象，可以容易地加工出小圆角的齿根。

(5) 改变了衡量结构工艺性好坏的标准。传统的切削加工认为盲孔、方孔、小孔等是工艺性很坏的典型，工艺设计人员非常忌讳。特种加工技术的应用改变了这种现象。对于电火花穿孔和电火花线切割工艺来说，加工方孔和加工圆孔的难易程度是相同的。

11.2 电火花加工技术(Spark-erosion machining)

电火花加工是在一定的绝缘工作介质中,通过工件和工具电极之间脉冲性火花放电时的电蚀作用来加工材料,从而达到改变材料的形状、尺寸和表面质量的加工工艺。

11.2.1 电火花加工的基本原理、特点与应用范围

(Basic principle, characteristics and application of spark-erosion machining)

1. 电火花加工的基本原理

如图 11-1 所示,在绝缘性工作液中,工具和工件接至脉冲电源正负极之间,并始终保持一很小的放电间隙(通常为几微米至几百微米)。在脉冲电压的作用下,某一最小间隙处或绝缘强度最弱处被瞬时击穿,产生瞬时高温,使表面金属局部熔化甚至气化而被蚀除,形成电蚀凹坑。第一次脉冲放电结束,经过一段间隔时间,待工作液恢复绝缘后,第二个脉冲电压又加到两极上,当极间距离相对最近时,又电蚀出一个小凹坑。如此周而复始,高频率地循环下去,工具电极不断地向工件进给,就可以将工具的形状复制到工件上,从而加工出所需要的零件,整个加工表面将由无数个小凹坑所组成。

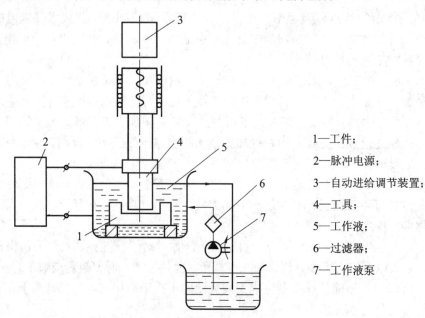

1—工件;

2—脉冲电源;

3—自动进给调节装置;

4—工具;

5—工作液;

6—过滤器;

7—工作液泵

图 11-1 电火花加工的原理

图 11-2 所示为电火花加工表面局部放大图。

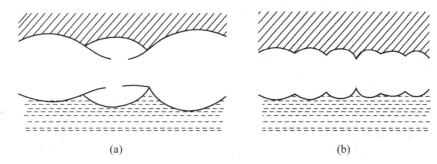

(a)　　　　　　　　　　　　　　　(b)

图 11-2　电火花加工表面局部放大图

2. 电火花加工的主要特点

(1) 适合于难切削材料的加工。

加工中材料的去除是靠放电时的电热作用实现的，材料的可加工性主要取决于材料的导电性及热学特性，如熔点、沸点(气化点)、比热容、热导率、电阻率等，而几乎与其力学性能(硬度、强度等)无关。这样就可以突破传统切削加工对刀具的限制，从而实现用软的工具加工硬的工件，甚至可以加工像聚晶金刚石、立方氮化硼一类的超硬材料。电火花加工主要用于加工金属等导电材料，但在一定条件下也可加工半导体和聚晶金刚石等非导体超硬材料。

(2) 可以加工特殊及复杂形状的零件。

由于加工中工具电极和工件不直接接触，没有机械加工的宏观切削力，因此适宜加工低刚度及微细尺度工件。而且其加工是将工具电极的形状复制到工件上，因此也特别适用于复杂表面形状工件的加工，如复杂型腔模具加工等。

(3) 加工速度一般较低。

(4) 存在电极损耗。由于电火花加工靠电热作用来蚀除金属，电极也会遭受损耗。

(5) 最小角部半径有限制。一般电火花加工能得到的最小角部半径略大于放电间隙(通常为 0.02～0.30 mm)。

3. 电火花加工的应用范围

(1) 加工各种形状复杂的型腔和型孔。

(2) 常作为模具工件淬火后的精加工工序。

(3) 可以作为模具工件的表面强化手段。

(4) 可以进行电火花磨削。

(5) 可以刻制字和图案。

11.2.2　电火花成形加工机床及组成

(Equipment and composition of spark-erosion sinking machines)

电火花成形加工机床的外形如图 11-3 所示，由机床本体、脉冲电源、自动控制系统和工作液循环过滤系统等组成。

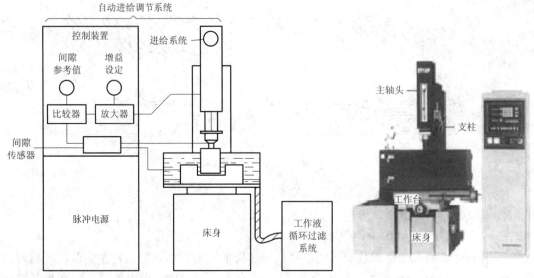

图 11-3　电火花成形加工机床

(1) 机床本体。

机床本体主要由床身、立柱、主轴头及附件、工作台等部分组成，是用以实现工件和工具电极的装夹固定和运动的机械系统。床身、支柱、坐标工作台是电火花机床的骨架，起着支承和定位的作用，为了避免变形和保证精度，要求具有必要的刚度。主轴头下装夹的电极是自动调节系统的执行机构，其质量将影响到进给系统的灵敏度及加工过程的稳定性，进而影响工件的加工精度。

(2) 脉冲电源。

在电火花加工过程中，脉冲电源的作用是把 50 Hz 工频正弦交流电流转变成频率较高的单向脉冲电流，向工件和工具电极间的加工间隙提供所需要的放电能量以蚀除金属。脉冲电源的性能直接关系到电火花加工的加工速度、表面质量、加工精度、工具电极损耗等工艺指标。

(3) 自动控制系统。

其主要作用是控制 X、Y、Z 三轴的伺服运动。

(4) 工作液循环过滤系统。

工作液循环过滤系统由工作液、工作液箱、工作液泵、滤芯和导管组成。工作液起绝缘、排屑、冷却和改善加工质量的作用。每次脉冲放电后，工件电极和工具电极之间必须迅速恢复绝缘状态，否则脉冲放电就会转变为持续的电弧放电，影响加工质量。在加工过程中，工作液可把加工过程中产生的金属屑末迅速从电极之间冲走，使加工顺利进行。工作液还可冷却受热的电极和工件，防止工件变形。

11.2.3　电火花成形加工机床的基本操作

(Operation of spark-erosion sinking machines)

电火花成形加工机床的型号有多种，它们的基本操作方法大致相同。现以 D71 型数控电火花成形加工机床为例，介绍成形加工的操作步骤。

1. 开机

各项安全及准备工作做好后，即可开机。电火花成形加工机床的开机很简单，一般只需要按"ON"键或旋转开关到"ON"的位置，接下来进行回原点或机床的复位操作。之后在主画面显示状态下按下任意键进入主菜单，此时机床处于加工待命状态。通过按钮可控制主轴升降及工作台纵横向移动。

2. 工件安装

工件的安装是指工件在机床上有准确且固定的位置，使之利于编写程序和加工。安装时，一定要将工件固定，以免在加工时出现振动或移动，从而影响加工精度。同时要尽量考虑用基准面作为定位面，从而省去繁琐的计算，达到简化编程的目的。例如使用磁力吸盘装夹零件时，一般都将工件的底面放在吸盘上，另一个面紧贴在吸盘的侧面定位面上定位，然后打开吸盘的磁力开关即可。

3. 工具电极的安装

工具电极的安装精度直接影响加工的精度，所以其安装至关重要。一般都要求电极和 XY 平面(也就是水平面)垂直，且在 Z 轴方向也要符合要求，否则就可能导致加工出来的形状不符合要求，或出现位置偏差。一般都要通过杠杆百分表来对电极的 XY 方向校正，同时还要校正它的 Z 方向。

4. 加工原点设定

电极的定位一般是通过靠模来实现的，靠模是指用数控装置引导伺服驱动装置驱动工作台或电极，使工具电极和工具相对运动并且接触，从而用数字显示出工件相对于电极的位置的一种方法。靠模之后，我们就知道电极的当前位置，从而计算出加工位置距当前位置的距离，直接把电极移动相应的距离即可以进行编程加工。如果加工位置正好在工件的中点或中心，通过靠模然后启动自动移到中点或直接启动自动寻心即可。

5. 程序输入

现将编程原点的 X、Y 坐标设为零；选择"程序编写"的模式，再选择"多点加工"输入新程序名、靠模坐标系、安全高度、加工方式(单点或多点加工)；然后按 Esc 键返回上一个界面，选择"输入资料"，输入电极和工件材料、最大和最小电流、加工深度等参数。

6. 运行

启动程序前，应仔细检查当前即将执行的程序是否是加工程序。程序运行时，应注意放电是否正常，工作液面是否合理，火花是否合理，产生的烟雾是否过大。如果发现问题，应立即停止加工，检查程序并修改参数。

7. 零件检测

取下工件，用相应测量工具进行检测，检查工件是否满足加工要求。常用的检测工具有游标卡尺、深度尺、内径千分尺、塞规、卡规、三坐标测量机等，应根据不同的检测对象合理选用。

11.2.4 电火花成形加工应用实例

(Application example of spark-erosion sinking machining)

如图 11-4(a)所示注射模镶块，材料为 40Cr，硬度为 38～40HRC，加工表面粗糙度为

0.8 μm，要求型腔侧面棱角清晰，圆角半径 $R<0.25$ mm。

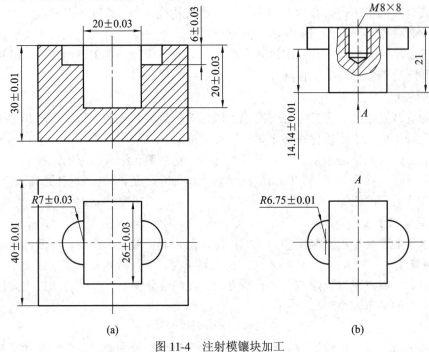

图 11-4 注射模镶块加工

(a) 注射模镶块；(b) 电极结构与尺寸

1. 方法选择

选用单电极平动法进行电火花成形加工，为保证侧面棱角清晰($R<0.3$ mm)，其平动量应小，取 $\delta \leq 0.25$ mm。

2. 工具电极

(1) 电极材料选用锻造过的紫铜，以保证电极加工质量以及加工表面粗糙度。

(2) 电极结构与尺寸如图 11-4(b)所示。

① 电极水平尺寸单边缩放量取 $b = 0.25$ mm；

根据相关计算式可知，平动量 $\delta = 0.25$ mm。

② 由于电极尺寸缩放量较小，用于基本成形的粗加工规准参数不宜太大。根据工艺数据库所存资料(或经验)可知，实际使用的粗加工参数会产生 1%的电极损耗，因此，对应的深度为 20 mm 的型腔主体与深度为 6 mm 的 $R7$ mm 半圆搭子的型腔电极长度之差不是14 mm，而是$(20 - 6) \times (1 + 1\%) = 14.14$ mm。尽管精修时也有损耗，但由于两部分精修量一样，不会影响二者深度之差。图 11-4(b)所示电极结构其总长度无严格要求。

(3) 电极制造。电极可以用机械加工的方法制造，但因有两个半圆的搭子，一般都用线切割加工，主要工序如下：

① 备料；

② 刨削上下面；

③ 画线；

④ 加工 $M8 \times 8$ 的螺孔；

⑤ 按水平尺寸用线切割加工;

⑥ 按图示方向前后转动 90°,用线切割加工两个半圆及主体部分长度;

⑦ 钳工修整。

(4) 镶块坯料加工。

① 按尺寸需要备料;

② 刨削六面体;

③ 热处理(调质)达 38～40HRC;

④ 磨削镶块六个面。

(5) 电极与镶块的装夹与定位。

① 用 M8 的螺钉固定电极,并装夹在主轴头的夹具上。然而用千分表(或百分表)以电极上端面和侧面为基准,校正电极与工件表面的垂直度,并使其 X、Y 轴与工作台 X、Y 移动方向一致。

② 镶块一般用平口钳夹紧,并校正其 X、Y 轴,使其与工作台 X、Y 移动方向一致。

③ 定位,即保证电极与镶块的中心线完全重合。用数控电火花成形机床加工时,可利用机床自动找中心功能准确定位。

(6) 电火花成形加工。所选用的电规准和平动量及其转换过程如表 11-2 所示。

表 11-2 规准转换与平动量分配

序号	脉冲宽度/μs	脉冲电流幅值/A	平均加工电流/A	表面粗糙度/μm	单边平动量/mm	端面进给量/mm	备 注
1	350	30	14	10	0	19.90	1. 型腔深度为 20 mm,考虑 1%损耗,端面总进给量为 20.2 mm。 2. 型腔加工表面粗糙度为 0.6 μm。 3. 用 Z 轴数控电火花成形机床加工
2	210	18	8	7	0.1	0.12	
3	130	12	6	5	0.17	0.07	
4	70	9	4	3	0.21	0.05	
5	20	6	2	2	0.23	0.03	
6	6	3	1.5	1.3	0.245	0.02	
7	2	1	0.5	0.6	0.25	0.01	

11.3 数控电火花线切割加工技术
(NC spark-erosion wire cutting machining)

电火花线切割加工是用线状电极(钼丝或铜丝)靠火花放电对工件进行切割,故称电火花线切割。

11.3.1 数控电火花线切割加工的原理、特点与应用范围(Principle, characteristics and application of NC spark-erosion wire cutting machining)

1. 数控电火花线切割加工的基本原理

数控电火花线切割加工的基本原理如图 11-5 所示。它是利用移动金属丝(钼丝、铜丝)

与工件构成的两个电极之间进行脉冲火花放电时产生的电腐蚀效应来对工件进行加工的。

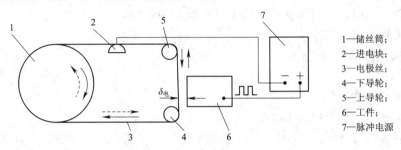

图 11-5 电火花线切割加工原理

2. 数控电火花线切割加工的主要特点

(1) 由于电极工具是直径较小的细丝，脉冲宽度、平均电流等不能太大，加工工艺参数的选择范围较小。

(2) 采用水或水基工作液，不会引燃起火，容易实现无人安全运行。

(3) 电极丝通常比较细，可以加工窄缝及形状复杂的工件。由于切缝窄，金属的实际去除量很少，材料的利用率高，尤其在加工贵重金属时，可节省费用。

(4) 无须制造成形工具电极，大大降低了成形工具电极的设计和制造费用，可缩短生产周期。

(5) 自动化程度高，操作方便，加工周期短，成本低。

3. 数控电火花线切割加工的应用范围

(1) 模具加工。适用于加工各种形状的冲模。调整不同的间隙补偿量，只需一次编程就可以切割凸模、凸模固定板、凹模及卸料板等。

(2) 新产品试制。在新产品试制过程中，利用线切割可直接切割出零件，不需要另行制作模具，可大大降低制作成本和周期。

(3) 加工特殊材料。对于某些高硬度、高熔点的金属材料，用传统的切割加工方法几乎是不可能的，采用电火花线切割加工既经济、质量又好。

11.3.2 数控电火花线切割加工设备

(Equipment of NC spark-erosion wire cutting machining)

1. 线切割加工机床型号及技术参数

我国特种加工机床型号的编制是按照 JB/T 7445.2—2012《特种加工机床型号编制方法》的规定进行的，机床型号由汉语拼音字母和阿拉伯数字组成。

型号示例：机床型号 DK7735 的含义为

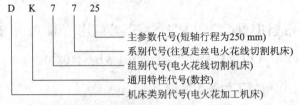

电火花线切割机床的主要技术参数包括：工作台行程(纵向行程×横向行程)、最大切

割厚度、加工表面粗糙度、切割速度以及数控系统的控制功能等。DK77 系列电火花线切割机床的主要型号和技术参数如表 11-3 所示。

表 11-3　DK77 系列机床的主要型号和技术参数

机床型号	DK7725	DK7732	DK7735	DK7740	DK7745	DK7750
工作台尺寸/mm	330 × 520	360 × 600	410 × 650	460 × 680	520 × 750	570 × 910
工作台行程/mm	250 × 320	320 × 400	350 × 250	400 × 500	450 × 550	500 × 630
最大切割厚度/mm	400	500	500	500	500	600
加工承载重量/kg	250	350	400	450	600	800
主机重量/kg	1000	1100	1200	1400	1700	2200
主机外形尺寸/mm	1400 × 920 × 1350	1500 × 1200 × 1400	1600 × 1300 × 1400	1700 × 1400 × 1400	1750 × 1500 × 1400	2100 × 1700 × 1740
表面粗糙度/μm	2.5					
加工锥度	3°～60°					

2. 机床基本结构

电火花线切割机床分为两种：高速走丝线切割加工机床和低速走丝线切割加工机床。高速走丝(也称为快走丝)线切割加工机床的结构示意图如图 11-6 所示，由机床本体、脉冲电源、数控装置、工作液循环系统等组成。

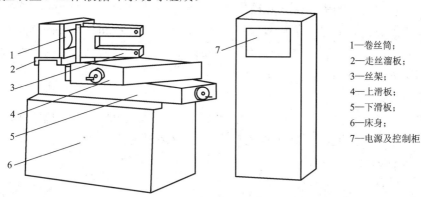

1—卷丝筒；
2—走丝溜板；
3—丝架；
4—上滑板；
5—下滑板；
6—床身；
7—电源及控制柜

图 11-6　高速走丝线切割加工设备组成

1) 机床本体

机床本体由床身、运丝机构、工作台和丝架等组成。

(1) 床身。用于支承和连接工作台、运丝机构等部件，内部安放机床电器和工作液循环系统。

(2) 运丝机构。电动机联轴节带动储丝筒交替做正、反向转动，钼丝整齐地排列在储丝筒上，并经过丝架导轮做往返高速移动(线速度为 9 m/s 左右)。

(3) 工作台。用于安装并带动工件在水平面内做 X、Y 两个方向的移动。工作台分上下两层，分别与 X、Y 向丝杠连接，由两个步进电机分别驱动。步进电机每接收到计算机发出的一个脉冲信号，其输出轴就旋转一步距角，再通过一对变速齿轮带动丝杠转动，从而使工作台在相应的方向上移动 0.001 mm。

(4) 丝架。丝架的主要作用是在电极丝按定线速度运动时，对电极丝起支撑作用，并使电极丝工作部分与工作台平面保持一定的几何角度。

2) 脉冲电源

脉冲电源又称高频电源，其主要作用是把普通的 50 Hz 交流电转为高频率的单向脉冲电压。加工时，电极丝接脉冲电源负极，工件接正极。

3) 数控装置

数控装置的主要功用是轨迹控制和加工控制。加工控制包括进给控制、短路回退、间隙补偿、图形缩放、旋转和平移、适应控制、自动找中心、信息显示、自诊断功能等。其控制精度为 ±0.001 mm，加工精度为 ±0.01 mm。

4) 工作液循环系统

该系统由工作液、工作液箱、工作液泵和循环导管组成。工作液起绝缘、排屑、冷却的作用。每次脉冲放电后，工件与电极丝(钼丝)之间必须迅速恢复绝缘状态，否则脉冲放电就会转变为稳定持续的电弧放电，影响加工质量。在加工过程中，工作液可迅速把加工过程中产生的金属微颗粒从电极之间冲走，使加工顺利进行。工作液还可以冷却受热的电极丝和工件，防止工件变形。

11.3.3　数控电火花线切割加工编程

(Programming of NC spark-erosion wire cutting machining)

线切割编程方式分为人工编程和微机自动编程。人工编程是线切割工作者的一项基本功，它能使操作者比较清楚地了解编程所需要进行的各种计算和编程过程，但人工编程的计算工作比较繁杂，费时间。近年来由于微机的快速发展，线切割加工的编程越来越多地采用微机自动编程。

1. 人工编程

目前高速走丝线切割机床一般采用 3B(个别扩充为 4B 或 5B)数控程序格式，而低速走丝线切割机床普遍采用 ISO(国际标准化组织)或 EIA(美国电子工业协会)数控程序格式。

1) 3B 程序格式

3B 程序格式如表 11-4 所示。

表 11-4　3B 程序格式

B	X	B	Y	B	J	G	Z
间隔符	X 轴坐标值	间隔符	Y 轴坐标值	间隔符	计数长度	计数方向	加工指令

(1) 坐标系和坐标值 X、Y 的确定。平面坐标系是这样规定的：面对机床操作平台，工作台平面为坐标平面，左右方向为 X 轴，且右方为正；前后方向为 Y 轴，且前方为正。坐标系的原点规定：加工直线时，以该直线的起点作为坐标系的原点，X、Y 取该直线终点的坐标值的绝对值；加工圆弧时，以该圆弧的圆心作为坐标系的原点，X、Y 取该圆弧起点的坐标值的绝对值。坐标值的单位均为 μm。编程时采用相对坐标系，即坐标系的原点随程序段的不同而变化。

(2) 计数方向 G 的确定。无论是加工直线还是圆弧，计数方向均按终点的位置来确定，具体确定原则如下所述。

选取 X 轴方向进给总长度进行计数，称为计 X，用 GX 表示；选取 Y 轴方向进给总长度进行计数，称为计 Y，用 GY 表示。

① 加工直线，可按图 11-7 选取。

当$|Y_e| > |X_e|$时，取 GY；

当$|X_e| > |Y_e|$时，取 GX；

当$|X_e| = |Y_e|$时，取 GX 或 GY 均可。

② 对于圆弧，当圆弧终点坐标在图 11-8 所示的各个区域时，若：

$|X_e| > |Y_e|$，则取 GY；

$|Y_e| > |X_e|$，则取 GX；

$|X_e| = |Y_e|$，则取 GX 或 GY 均可。

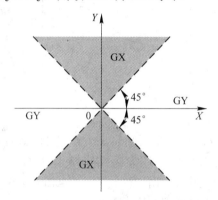 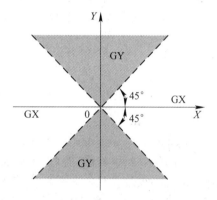

图 11-7　直线计数方向　　　　　　　　　图 11-8　圆弧计数方向

(3) 计数长度 J 的确定。计数长度是在计数方向的基础上确定的，是被加工的直线或圆弧在计数方向的坐标轴上投影的绝对值的总和，单位为 μm。

【例 1】　加工图 11-9 所示的斜线 OA，其终点为 $A(X_e, Y_e)$，且 $Y_e > X_e$，试确定 G 和 J。

解　因为$|Y_e| > |X_e|$，斜线 OA 在与 X 轴夹角大于 45°的斜线上，计数方向取 GY，斜线 OA 在 Y 轴上的投影长度为 Y_e，故 $J = Y_e$。

【例 2】　加工图 11-10 所示圆弧，加工起点在第四象限，终点 $B(X_e, Y_e)$ 在第一象限，试确定 G 和 J。

解　因为加工终点靠近 Y 轴，$|Y_e| > |X_e|$，计数方向取 GX，计数长度为各象限中的圆弧段在 X 轴上投影长度的总和，即 $J = J_{x1} + J_{x2}$。

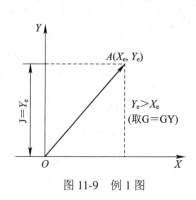 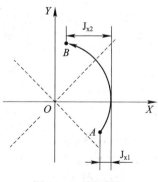

图 11-9　例 1 图　　　　　　　　　　图 11-10　例 2 图

(4) 加工指令 Z。加工指令 Z 是用来表达被加工图形的形状、所在象限和加工方向等信息的。控制系统根据这些指令正确选择偏差公式,进行偏差计算,控制工作台的进给方向,从而实现机床的自动化加工。加工指令共 12 种,如图 11-11 所示。

位于四个象限中的直线段称为斜线。加工斜线的加工指令分别用 L₁、L₂、L₃、L₄ 表示,如图 11-11(a)所示。与坐标轴相重合的直线,根据进给方向,加工指令可按图 11-11(b)选取。

加工圆弧时,若被加工圆弧的起点分别在坐标系的四个象限中,并按顺时针插补,如图 11-11(c)所示,则加工指令分别用 SR₁、SR₂、SR₃、SR₄ 表示;按逆时针方向插补时,分别用 NR₁、NR₂、NR₃、NR₄ 表示,如图 11-11(d)所示。如果加工起点刚好在坐标轴上,其指令可选相邻两象限中的任何一个。

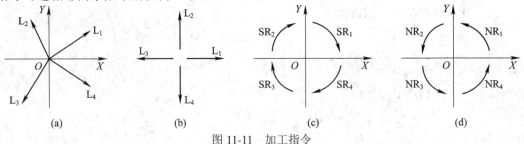

图 11-11 加工指令

(a) 直线加工指令;(b) 坐标轴上直线加工指令;(c) 顺时针圆弧指令;(d) 逆时针圆弧指令

(5) 3B 代码编程示例。线切割加工如图 11-12 所示的毛坯零件。毛坯尺寸为 60 mm × 60 mm,对刀位置必须设在毛坯之外,以图中 G 点(-20,-10)作为起刀点,A 点(-10,-10)作为起割点。为了便于计算,编程时不考虑钼丝半径补偿值。

① 确定加工起始点为 G 点,加工路线为 G—A—B—C—D—E—G—A—G。

② 计算坐标值。按照坐标系和坐标值的规定分别计算各程序段的坐标值。

③ 填写程序单。按程序标准格式逐段填写。

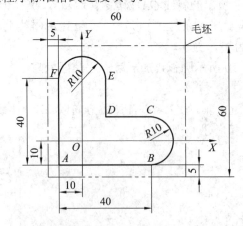

图 11-12 毛坯零件

程序	注解
B10000B0B10000GXL1	从 G 点走到 A 点,A 点为起割点;
B40000B0B40000GXL1	从 A 点到 B 点;
B0B10000B20000GXNR4	从 B 点到 C 点;

B20000B0B20000GXL3	从 C 点到 D 点;
B0B20000B20000GYL2	从 D 点到 E 点;
B10000B0B20000GYNR4	从 E 点到 F 点;
B0B40000B40000GYL4	从 F 点到 A 点;
B10000B0B10000GXL3	从 A 点回到起刀点 G。

2) ISO 代码

(1) ISO 代码程序段的格式。对线切割加工而言，加工一段直线和圆弧的 ISO 代码程序段的普通格式为 N××T××G××X××Y××I××J××，其中各符号的具体含义如表 11-5。

表 11-5　ISO 代码程序段格式的具体含义

N××	程序段号	I××	圆弧的圆心对圆弧起点的 X 坐标值，以 μm 为单位
T××	机械控制功能	J××	圆弧的圆心对圆弧起点的 Y 坐标值，以 μm 为单位
G××	准备功能	M00	程序停止
X××	直线或圆弧终点 X 坐标值，以 μm 为单位	M01	选择停止
Y××	直线或圆弧终点 Y 坐标值，以 μm 为单位	M02	程序结束

(2) G 功能。电火花线切割编程常用的 G 指令如表 11-6。

表 11-6　G 指令

代码	功能	代码	功能
G00	快速定位	G10	Y 轴镜像，X、Y 轴交换
G01	直线插补	G11	X 轴镜像，Y 轴镜像，X、Y 轴交换
G02	圆弧插补(顺时针)	G12	取消镜像
G03	圆弧插补(逆时针)	G40	取消电极丝半径偏置
G04	程序暂停	G41	电极丝半径左偏置
G05	X 轴镜像	G42	电极丝半径右偏置
G06	Y 轴镜像	G54	坐标系设置
G07	X、Y 轴交换	G90	绝对值编程
G08	X、Y 轴镜像	G91	增量值编程
G09	X 轴镜像，X、Y 轴交换	G92	工作坐标系设定

2. 计算机辅助编程

CAXA 线切割是一个面向线切割机床数控编程的软件系统，可以快速、准确地使操作者以交互方式绘制需切割的图形，生成带有复杂形状轮廓的两轴线切割加工轨迹。CAXA 线切割支持快走丝线切割机床，可输出 3B、4B 及 ISO 格式的线切割加工程序。

下面以一个凸凹模零件的加工为例说明其操作过程。凸凹模尺寸如图 11-13 所示，线切割加工的电极丝为 ϕ0.1 mm 的钼丝，单面放电间隙为 0.01 mm。

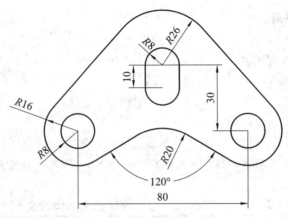

图 11-13 要加工的凸凹模尺寸

1) 绘制工件图形

(1) 画圆。

① 选择"基本曲线—圆"菜单项,用"圆心—半径"方式作圆。

② 输入(0,0)以确定圆心位置,再输入半径值"8",画出一个圆。

③ 不要结束命令,在系统仍然提示"输入圆弧上一点或半径"时输入"26",画出较大的圆,单击鼠标右键结束命令。

④ 继续用如上的命令作圆,输入圆心点(−40,−30),分别输入半径值 8 和 16,画出另一组同心圆。

(2) 画直线。

① 选择"基本曲线—直线"菜单项,选用"两点线"方式,系统提示输入"第一点(切点,垂足点)"位置。

② 单击空格键,激活特征点捕捉菜单,从中选择"切点"。

③ 在 R16 的圆的适当位置上点击,此时移动鼠标可看到光标拖画出一条假想线,此时系统提示输入"第二点(切点,垂足点)"。

④ 再次单击空格键激活特征点捕捉菜单,从中选择"切点"。

⑤ 再在 R26 的圆的适当位置确定切点,即可方便地得到这两个圆的外公切线。

⑥ 选择"基本曲线—直线",单击"两点线"标志,换用"角度线"方式。

⑦ 单击第二个参数后的下拉标志,在弹出的菜单中选择"X 轴夹角"。

⑧ 单击"角度=45"的标志,输入新的角度值"30"。

⑨ 用前面用过的方法选择"切点",在 R16 的圆的右下方适当的位置点击。

⑩ 拖画直线至适当位置后,单击鼠标左键,画线完成。

(3) 作对称图形。

① 选择"基本曲线—直线"菜单项,选用"两点线",切换为"正交"方式。

② 输入(0,0),拖动鼠标画一条铅垂的直线。

③ 在下拉菜单中选择"曲线编辑—镜像"菜单项,用缺省的"选择轴线""拷贝"方式,此时系统提示拾取元素,分别点取刚生成的两条直线与图形左下方的半径为 8 和 16 的同心圆后,单击鼠标右键确认。

④ 此时系统又提示拾取轴线,拾取刚画的铅垂直线,确定后便可得到对称的图形。

(4) 作长圆孔形。

① 选择"曲线编辑—平移"菜单项,选用"给定偏移""拷贝""正交"方式。

② 系统提示拾取元素,点取 $R8$ 的圆,单击鼠标右键确认。

③ 系统提示"X 和 Y 方向偏移量或位置点",输入(0, −10),表示 X 轴向位移为 0,Y 轴向位移为−10。

④ 用上述作公切线的方法生成图中的两条竖直线。

(5) 最后编辑。

① 选择橡皮头图标,系统提示"拾取几何元素"。

② 点取铅垂线,并删除此线。

③ 选择"曲线编辑—过渡"菜单项,选用"圆角"和"裁剪"方式,输入"半径"值 20。

④ 依提示分别点取两条与 X 轴夹角为 30°的斜线,得到要求的圆弧过渡。

⑤ 选择"曲线编辑—裁剪"菜单项,选用"快速裁剪"方式,系统提示"拾取要裁剪的曲线",注意应选取被剪掉的段。

⑥ 分别用鼠标左键点取不存在的线段,便可将其删除掉,完成图形。

2) 轨迹生成及加工仿真

(1) 轨迹生成。轨迹生成是在已经构造好轮廓的基础上,结合线切割加工工艺,给出确定的加工方法和加工条件,由计算机自动计算出加工轨迹的过程。下面结合本例介绍线切割加工走丝轨迹生成方法。

① 选择"轨迹生成"项,在弹出的对话框中,按缺省值确定各项加工参数。

② 在本例中,加工轨迹与图形轮廓有偏移量。加工凹模孔时,电极丝加工轨迹向原图形轨迹之内偏移进行"间隙补偿"。加工凸模时,电极丝加工轨迹向原图形轨迹之外偏移进行"间隙补偿"。补偿距离为 $\Delta R = d/2 + Z = 0.06$ mm,把该值输入到"第一次加工量",然后按确定。

③ 系统提示"拾取轮廓"。本例为凹凸模,不仅要切割外表面,还要切割内表面,这里先切割凹模型孔。本例中有三个凹模型孔,以左边圆形孔为例,拾取该轮廓,此时 $R8$ mm 轮廓线变成红色的虚线,同时在鼠标点击的位置上沿着轮廓线出现一对双向的绿色箭头,系统提示"选择链拾取方向"(系统缺省时为链拾取)。

④ 选取顺时针方向后,在垂直轮廓线的方向上又会出现一对绿色箭头,系统提示"选择切割的侧扁"。

⑤ 由于拾取轮廓为凹模型孔,拾取指向轮廓内侧的箭头,系统提示"输入穿丝点位置"。

⑥ 按空格键激活特征点捕捉菜单,从中选择"圆心",然后在 $R8$ mm 的圆上选取,即确定了圆心为穿丝点位置,系统提示"输入退出点(回车则与穿丝点重合)"。

⑦ 单击鼠标右键或按回车,系统计算出凹模型孔轮廓的加工轨迹。

⑧ 此时,系统提示继续"拾取轮廓",按上述方法完成另外两个凹模的加工轨迹。

⑨ 系统提示继续"拾取轮廓"。此时加工起始段变成红色虚线。

⑩ 系统又顺序提示"选择链拾取方向""选择切割的侧边""输入穿丝点位置"和"输入退出点"。

⑪ 单击鼠标右键或按 Esc 键结束轨迹生成,选择编辑轨迹命令的"轨迹跳步"功能将

以上几段轨迹连接起来。

(2) 加工仿真。拾取"加工仿真"，选择"连续"与合适的步长值，系统将完整地模拟从起步到加工结束之间的全过程。

3) 生成线切割加工程序

选择"生成 3B 代码"项，然后选取生成的加工轨迹，即可生成该轨迹的加工代码。下面是得到的 3B 代码(D 为暂停码，DD 为停机码)。

****

CAXAWEDM -Version 2.0, Name: wy.3B

Conner R=0.00000, Offset F=0.06000, Length=652.476 mm

****

Start Point = 40.00000, -30.00000; X, Y

N1:B7940 B0 B7940 GX L1; 47.940, -30.000

N2:B7940 B0 B31760 GY SR4; 47.940, -30.000

N3:B7940 B0 B7940 GX L3; 40.000, -30.000

N4:D

N5:B40000 B30000 B40000 GX L2; 0.000, 0.000

N6:D

N7:B7940 B0 B7940 GX L1; 7.940, 0.000

N8:B7940 B0 B15880 GY NR1;-7.940, 0.000

N9:B0 B10000 B10000 GY L4; -7.940, -10.000

N10:B7940 B0 B15880 GY NR3; 7.940, -10.000

N11:B0 B10000 B10000 GY L2; 7.940, 0.000

N12:B7940 B0 B7940 GX L3; 0.000 ,0.000

N13:D

N14:B40000 B30000 B40000 GX L3;-40.000, -30.000

N15:D

N16:B7940 B0 B7940 GX L1;-32.060, -30.000

N17:B7940 B0 B31760 GY SR4;-32.060, -30.000

N18:B7940 B0 B7940 GX L3;-40.000, -30.000

N19:D

N20:B10500 B18187 B18187 GY L4;-29.500,-48.187

N21:D

N22:B2470 B4279 B4279 GY L2;-31.970, -43.908

N23:B22000 B12701 B22000 GX L1; -9.970, -31.207

N24:B9970 B17269 B19940 GX SR2; 9.970, -31.207

N25:B22000 B12701 B22000 GX L4; 31.970, -43.908

N26:B8030 B13908 B28873 GY NR3; 52.010, -19.338

N27:B32520 B36638 B36638 GY L2; 19.490, 17.300

N28:B19490 B17300 B17520 GY NR1; -19.489, 17.301

N29:B32522 B36639 B36639 GY L3; -52.011, -19.338

N30:B12011 B10661 B28139 GX NR2; -31.970, -43.908

N31:B2470 B4279 B4279 GY L4; -29.500, -48.187

N32:DD

4) 代码传输

(1) 选择"应答传输"项，系统弹出一对话框要求指定被传输的文件(在刚生成过代码的情况下，屏幕左下角会出现一个选择当前代码或代码文件的立即菜单)。

(2) 选择目标文件后，按"确定"，系统提示"按键盘任意键开始传输(ESC 退出)"，按任意键即可开始传输加工代码文件。

5) 需要注意的几个问题

(1) 线切割加工的零件基本上是平面轮廓图形，一般不会切割自由曲面类零件。

(2) 当拾取多个加工轨迹、同时生成加工代码时，系统按各轨迹之间拾取的先后顺序自动实现跳步，与"轨迹生成—轨迹跳步"功能相比，用这种方式实现跳步，各轨迹仍然能保持相对独立。

(3) CAXA 线切割的工件几何图形的输入方式，除了交互式绘图外，还可以直接读入其他 CAD 软件生成的图形数据及图像扫描数据。

(4) 穿丝点位置应尽量靠近程序的起点，以缩短切割时间。程序的起点一般也是切割的终点，电极丝返回时必然存在重复位置误差，造成加工痕迹，使精度和外观质量下降，因此程序起点应选择在粗糙度较低的面上。当工件各面粗糙度要求相同时，应选择在截面相交点。对于各切割面既无技术要求的差异又没有异面的交点的工件，则应选择在便于钳工修复的位置上。

11.4　电化学加工技术(Electrochemical machining)

电化学加工(Electrochemical machining，ECM)是指通过电化学反应去除工件材料或在其上镀覆金属材料等的特种加工方法。

11.4.1　电化学加工的原理、分类、特点与应用范围
(Principle, classification, characteristics and application of ECM)

1. 电化学加工的原理

图 11-14 所示为电化学加工的原理。当两个铜片接上直流电形成导电回路时，导线和溶液中均有电流流过，在金属片(电极)和溶液的界面上就会有交换电子的反应，即电化学反应。溶液中的离子将做定向移动，Cu^{2+} 移向阴极，在阴极上得到电子而进行还原反应，沉积出铜。在阳极表面，Cu 原子失掉电子而成为 Cu^{2+} 进入溶液。溶液中正、负离子的定向移动称为电荷迁移。在阳、阴电极表面发生的得失电子的化学反应称为电化学反应。这种利用电化学反应原理对金属进行的加工中，阳极上为电解蚀除，阴极上为电镀沉积(常用以提炼纯铜)的方法即为电化学加工。

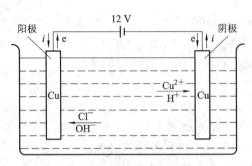

图 11-14　电化学加工的原理示意图

2. 电化学加工的分类与特点

根据电化学加工的原理,可将电化学加工分为三大类。第一类是利用电化学反应过程中的阳极溶解来进行加工,主要有电解加工和电解抛光等;第二类是利用电化学反应过程中的阴极沉积来进行加工,主要有电镀、电铸等;第三类是利用电化学加工与其他加工方法相结合的电化学复合加工工艺进行加工,目前主要有电解磨削、电化学阳极机械加工(其中还含有电火花放电作用)。

3. 电化学加工的适用范围

电化学加工的适用范围因电解和电镀两大类工艺的不同而不同。电解加工可以加工复杂的成形模具和零件,例如汽车、拖拉机连杆等各种型腔锻模,航空、航天发动机的扭曲叶片,汽轮机定子、转子的扭曲叶片,炮筒内管的螺旋"膛线"(来复线),齿轮、液压件内孔的电解去毛刺及扩孔、抛光等。电镀、电铸可以复制复杂、精细的表面。

11.4.2　电解加工的原理与特点

(Principle and characteristics of Electrolytic machining)

1. 电解加工的原理

电解加工(Electrolytic machining)是利用金属阳极在电解液中电化学溶解的原理来去除工件材料的制造技术。

如图 11-15 所示,在工件(阳极)与工具(阴极)之间接上直流电源(10～24 V),使工具阴极与工件阳极间保持较小的加工间隙(0.1～0.8 mm),间隙中通过高速流动的电解液(6～30 m/s),工件阳极开始溶解。随着工件表面金属材料的不断溶解,工具阴极不断地向工件

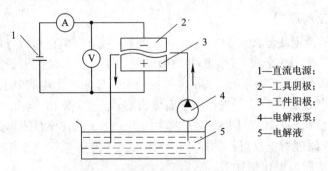

1—直流电源;
2—工具阴极;
3—工件阳极;
4—电解液泵;
5—电解液

图 11-15　电解加工成形表面过程原理图

进给，溶解的电解产物不断地被电解液冲走，工件表面也就逐渐被加工成接近于工具电极的形状，如此下去直至将工具的形状复制到工件上。

2. 电解加工的特点

(1) 能加工各种硬度和强度的材料。只要是金属，不管其硬度和强度多大，都可加工。

(2) 生产率高，约为电火花加工的 5～10 倍，在某些情况下，比切削加工的生产率还高，且加工生产率不受加工精度和表面粗糙度的限制。

(3) 表面质量好，电解加工不产生残余应力和变质层，也没有飞边、刀痕和毛刺。在正常情况下，表面粗糙度可达 0.2～1.25 μm。

(4) 阴极工具在理论上不损耗，基本上可长期使用。电解加工当前存在的主要问题是加工精度难以严格控制，尺寸精度一般只能达到 0.15～0.30 mm。此外，电解液对设备有腐蚀作用，电解液的处理也较困难。

11.4.3　电解加工设备(Equipment of Electrolytic machining)

电解加工的基本设备包括直流电源、机床、电解液系统和自动控制系统等。

1. 直流电源

电解加工常用的直流电源为硅整流电源和晶闸管整流电源。硅整流电源中先用变压器把 380 V 的交流电变成低电压的交流电，而后再用大功率硅二极管将交流电整成直流电。在脉冲电流电解加工时，需采用晶闸管脉冲电源。电源输出电压一般为 8～24 V，无级可调，加工电流达几千安培至几万安培，并设有火花和短路过载保护线路。

2. 机床

电解加工机床的任务是安装夹具、工件和阴极工具，并实现其相对运动，传送电和电解液。电解加工过程中虽没有机械切削力，但电解液对机床主轴和工作台的作用力是很大的，因此要求机床要有足够的刚性；要保证进给系统的稳定性，如果进给速度不稳定，阴极相对工件的各个截面的电解时间就不同，影响加工精度；电解加工机床经常与具有腐蚀性的工作液接触，因此机床要有好的防腐措施和安全措施。

另外，在电解加工机床设计方面，目前大多伺服电机或直流电机无级调速进给系统容易实现自动控制；广泛采用滚珠丝杠传动，用滚动导轨代替滑动导轨，以防止低速时发生爬行现象；易腐蚀部分采用不锈钢台面、花岗石、耐腐蚀水泥导轨或采用牺牲阳极的阴极保护法等。

3. 电解液系统

在电解加工过程中，电解液不仅作为导电介质传递电流，也在电场的作用下进行化学反应，使阳极溶解能顺利而有效地进行，这一点与电火花加工的工作液的作用是不同的。同时电解液也担负着及时把加工间隙内产生的电解产物和热量带走的任务，起到更新和冷却的作用。

电解液可分为中性盐溶液、酸性盐溶液和碱性盐溶液三大类。其中中性盐溶液的腐蚀性较小，使用时较为安全，故应用最广。常用的电解液有 NaCl、$NaNO_3$、$NaClO_3$ 三种。NaCl 电解液价廉易得，对大多数金属而言，其电流效率均很高，加工过程中损耗小并可在低浓度下使用，应用很广。其缺点是电解能力强，散腐蚀能力强，使得离阴极工具较远的工件表面也被电解，成形精度难于控制，复制精度差；对机床设备腐蚀性大，故适用于加工速度快而精度要求不高的工件。

$NaNO_3$ 电解液在浓度低于 30% 时，对设备、机床腐蚀性很小，使用安全。但生产效率低，需较大电源功率，故适用于成形精度要求较高的工件加工。

$NaClO_3$ 电解液的散蚀能力小，故加工精度高，对机床、设备等的腐蚀很小，广泛地应用于高精度零件的成形加工。然而，$NaClO_3$ 是一种强氧化剂，虽不自燃，但遇热分解的氧气能助燃，因此使用时要注意防火安全。

4．自动控制系统

电解加工设备的自动控制系统由 CNC 控制、单参数恒定控制及参数自适应控制、保护连锁控制三部分组成。

5．其他方面

夹具和工具应具有足够的刚度，正确和可靠的定位装夹方式，及良好、可靠的耐腐、绝缘措施等。

11.5　超声加工技术(Ultrasonic machining)

声波是人耳能感受到的一种纵波，其频率范围为 16～16 000 Hz。当声波的频率低于 16 Hz 时就叫作次声波，高于 16 000 Hz 则称为超声波。

超声加工(Ultrasonic machining，USM)主要用于加工不导电的非金属材料，如陶瓷、玻璃、半导体和硅片等。同时超声波还可以用于清洗、焊接和探伤等。

11.5.1　超声加工的基本原理与特点(Basic principle and characteristics of USM)

1．超声加工的基本原理

超声加工是利用工具端面作超声频振动，通过磨料悬浮液加工脆硬材料的一种成形方法。加工原理如图 11-16 所示。

加工时，在工具 1 和工件 2 之间加入液体(水或煤油等)和磨料混合的悬浮液 3，并使工具以很小的力 F 轻轻压在工件上。超声波发生器 7 产生的超声频电振荡通过超声换能器 6 产生 16 000 Hz 以上的超声频纵向振动，并借助于变幅杆 4、5 把振幅放大到 0.05～0.1 mm 左右，驱动工具端面作超声频振动，迫使工作液中悬浮的磨粒以很大的速度和加速度不断地撞击、抛磨被加工表面，把被加工表面的材料粉碎成很细的微粒，从工件上被打击下来。虽然每次打击下来的材料很少，但由于每秒打击的次数多达 16 000 次以上，仍有一定的加工速度。与此同时，工作液受工具端面超声振动作用而产生的高频、交变的液压正负冲击波和"空化"作用，促使工作液钻入被加工材料的微裂缝处，加剧了机械破坏作用。所谓空化作用，是指当工具端面以很大的加速度离开工件表面时，加工间隙内形成负压和局部真空，在工作液体内形成很多微空腔，当工具端面以很大的加速度接近工件表面时，空泡闭合，引起极强的液压冲击波，可以强化加工过程。此外，正负交变的液压冲击也强迫

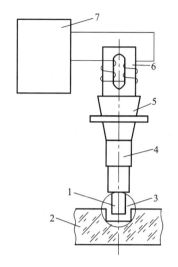

1—工具;
2—工件;
3—磨料悬浮液;
4、5—变幅杆;
6—超声换能器;
7—超声波发生器

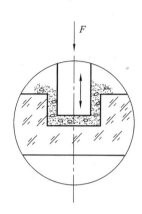

图 11-16　超声加工原理

悬浮工作液在加工间隙中循环，随着磨料悬浮液不断地循环，使变钝了的磨粒及时得到更新。

由此可见，超声加工是磨粒在超声振动作用下的机械撞击和抛磨作用以及超声空化作用的综合结果，其中磨粒的撞击作用是主要的。

既然超声加工是基于局部的撞击作用，就不难理解越是脆硬的材料，受撞击作用遭受的破坏愈大，愈易超声加工。相反，脆性和硬度不大的韧性材料，由于它的缓冲作用而难以加工。根据这个道理，人们可以合理选择工具材料，使之既能撞击磨粒，又不致使自身受到很大破坏，例如用 45 钢作工具即可满足上述要求。

2. 超声加工的特点

(1) 适合于加工各种硬脆材料，特别是不导电的非金属材料，例如玻璃、陶瓷(氧化铝、氮化硅等)、石英、锗、硅、石墨、玛瑙、宝石、金刚石等。对于导电的硬质金属材料，如淬火钢、硬质合金、不锈钢、钛合金等也能进行加工，但加工生产率较低。

(2) 因工具可用较软的材料做成较复杂的形状，故不需要使工具和工件做比较复杂的相对运动，因此超声加工机床的结构比较简单，只需一个方向轻压进给，操作、维修方便。但若需要加工尺寸较大、形状复杂而精密的三维结构的零件，仍需设计和制造三坐标数控超声波加工机床。

(3) 因去除加工材料是靠极小磨料瞬时局部的撞击作用，故工件表面的宏观切削力很小，切削应力、切削热很小，不会引起变形及烧伤，表面粗糙度也较好，为 0.63～0.08 μm，尺寸精度可达 0.01～0.02 mm，也适于加工薄壁、窄缝、低刚度零件。

(4) 超声加工设备的几何尺寸较小，设备成本低。

(5) 超声加工的面积不够大，而且工具头磨损较大，故生产率较低。

(6) 圆柱形孔深度以工具直径的 5 倍为限。

(7) 工具的磨损使钻孔的圆角增加，尖角变成了圆角，这意味着为了钻出精确的盲孔，更换工具是很重要的。

(8) 由于进入工具中心处的有效磨粒较少，悬浮液的分布不适当，使型腔的底往往不能加工得很平。有时由于工具横截面的形状使重心不在中心线上而产生强烈的横向振动，加工表面的精度有所降低。在这种情况下，唯一的解决办法是重新设计工具。

11.5.2　超声加工的设备及组成(Equipment and composition of USM)

　　超声加工设备的功率和结构有所不同，但其组成基本相同。一般包括超声波发生器、超声振动系统(声学部件)、磨料悬浮液循环系统及换能器冷却系统和机床本体。其主要组成如图 11-17 所示。

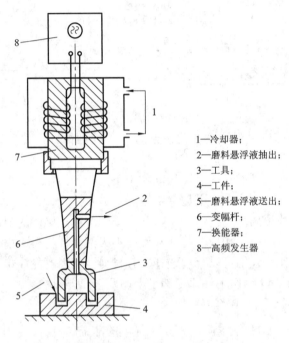

1—冷却器；
2—磨料悬浮液抽出；
3—工具；
4—工件；
5—磨料悬浮液送出；
6—变幅杆；
7—换能器；
8—高频发生器

图 11-17　超声加工设备组成示意图

1. 超声波发生器

　　超声波发生器又叫超声频发生器或超声波电源。它的作用是将工频 50 Hz 的交流电转换为功率为 100～4000 W 的超声频电振荡，以供给工具端面往复振动和去除工件材料的能量。

　　超声波发生器由于功率不同，有电子管式、晶闸管式、晶体管式等。大功率的超声波发生器往往是电子管式，但近年来逐渐被晶体管所取代。超声波发生器的电路由振荡级、电压放大级、功率放大级及电源组成(如图 11-18 所示)。其振荡级可以是他激式，也可以是自动跟踪式。后者是一种自激振荡推动多级放大的功率发生器，自激频率取决于超声波振动系统的共振频率。当出于某种原因，如更换工具或工具头磨损、部件受热或压力变化等，引起超声波振动系统共振频率的变化时，可通过"声反馈"或"电反馈"使超声波发生器的工作频率能自动跟踪变化，保证超声波振动系统始终处于良好的谐振状态。为此，一般要求超声波发生器应满足如下条件：

　　(1) 输出阻抗与相应的超声波振动系统输入阻抗匹配。

　　(2) 频率调节范围应与超声波振动系统频率变化范围相适应，并连续可调。

(3) 输出功率尽可能具有较大的连续可调范围,以适应不同工件的加工。

(4) 结构简单、工作可靠、效率高,便于操作和维修。

(5) 最好具有对共振频率自动跟踪和自动微调的功能。

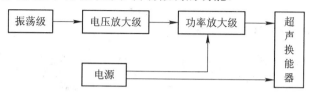

图 11-18 超声波发生器的组成方框图

2. 超声波振动系统

超声波振动系统的作用是将电能机械振动以波的形式传递到工具断面。超声波振动系统主要由换能器、振幅扩大棒及工具组成。换能器的作用是把超声频电振动信号转换为机械振动;振幅扩大棒又称变幅杆,其作用是将振幅放大。

由于换能器材料伸缩变形量很小,在共振情况下也不超过 0.005~0.01 mm,而超声加工需要 0.01~0.1 mm 的振幅,必须用上粗下细(按指数曲线设计)的变幅杆放大振幅。应用变幅杆的原理是因为通过变幅杆的每一截面的振动能量是不变的,所以随着截面积的减小,振幅就会增大。

变幅杆的常见形式如图 11-19 所示,加工中工具头与变幅杆相连,其作用是将放大后的机械振动作用于悬浮液磨料对工件进行冲击。工具材料应选用硬度和脆性不是很大的韧性材料,如 45#钢,这样可以减少工具的相对磨损。

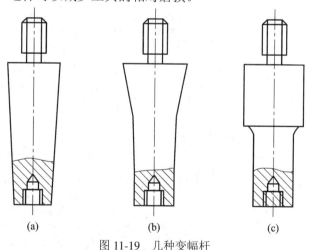

(a)   (b)   (c)

图 11-19 几种变幅杆

(a) 锥形;(b) 指数形;(c) 阶梯形

必须注意,超声加工时并不是整个变幅杆和工具都在做上下高频振动,它和低频或工频振动的概念完全不一样。超声波在金属棒杆内主要以纵波形式传播,一般引起杆内各点沿波的前进方向按正弦规律在原地做往复振动,并以声速传导到工具端面,使工具端面做超声振动。

3. 机床本体和磨料工作液循环系统

超声加工机床的本体一般很简单,包括支承超声波振动系统的机架、工作台面以及使工具以一定压力作用在工件上的进给机构等；磨料工作液是磨料和工作液的混合物。常用的磨料有碳化硼、碳化硅、氧化硒或氧化铝等；常用的工作液是水，有时用煤油或机油。磨料的粒度大小取决于加工精度、表面粗糙度及生产率的要求。

思考与练习(Thinking and exercise)

1. 特种加工与传统切削加工在加工原理上的主要区别有哪些？
2. 什么是电火花加工的机理？火花放电过程大致可分为哪四个连续的阶段？
3. 简述线切割机床的工作过程。
4. 简述超声加工的原理。

第12章

数控加工(Numerically controlled machining)

12.1 概 述(Brief introduction)

数控(Numerically controlled，NC，数字控制)是指用数字、文字和符号组成的数字指令来实现一台或多台机械设备动作控制的技术。它所控制的通常是位置、角度、速度等机械量和与机械能量流向有关的开关量。数控的产生依赖于数据载体和二进制形式数据运算的出现。1908 年，穿孔的金属薄片互换式数据载体问世；19 世纪末，以纸为数据载体并具有辅助功能的控制系统被发明；1938 年，香农在美国麻省理工学院进行了数据快速运算和传输，奠定了现代计算机(包括计算机数字控制系统)的基础。数控技术是与机床控制密切结合发展起来的。1952 年，第一台数控机床问世，成为世界机械工业史上一件划时代的事件，推动了自动化的发展。

数控技术也叫计算机数控技术(Computer Numerically Controlled，CNC)，是采用计算机实现数字程序控制的技术。这种技术用计算机事先存储的控制程序来执行对设备的控制功能。由于采用计算机替代原先用硬件逻辑电路组成的数控装置，因此输入数据的存储、处理、运算、逻辑判断等各种控制功能的实现均可通过计算机软件来完成。

12.1.1 数控机床的组成及基本工作原理

(Composition and working principle of NC machine tools)

现代计算机数控机床由控制介质，输入、输出设备，数控装置，伺服系统，检测反馈系统及机床本体组成。其工作原理如图 12-1 所示。

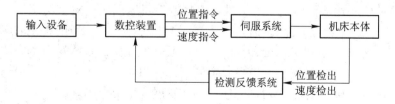

图 12-1 数控机床工作原理

1. 控制介质

控制介质又称信息载体，是联系人与数控机床的中间媒介物质，反映了数控加工中的全部信息。目前常用的控制介质有穿孔带、磁带或磁盘等。

2. 输入、输出设备

输入、输出设备是 CNC 系统与外部设备进行交互的装置。交互的信息通常是零件加工程序。该设备可将编制好的、记录在控制介质上的零件加工程序输入 CNC 系统或将调试好的零件加工程序通过输出设备存放或记录在相应的控制介质上。

3. 数控装置

CNC 装置是数控机床实现自动加工的核心，主要由计算机系统、位置控制板、PLC 接口板，通信接口板、特殊功能模块以及相应的控制软件等组成。

作用：根据输入的零件加工程序进行相应的处理(如运动轨迹处理、机床输入输出处理等)，然后输出控制命令到相应的执行部件(伺服单元、驱动装置和 PLC 等)，所有这些工作都由 CNC 装置内硬件和软件协调配合，合理组织，使整个系统有条不紊地进行工作。

4. 伺服系统

伺服系统是数控系统与机床本体之间的电传动联系环节，主要由伺服电动机、驱动控制系统组成。伺服电机是系统的执行元件，驱动控制系统则是伺服电机的动力源。数控系统发出的指令信号与位置反馈信号比较后作为位移指令，经过驱动系统的功率放大后，带动机床移动部件精确定位或按照规定的轨迹和进给速度运动，使机床加工出符合图样要求的零件。

5. 检测反馈系统

检测反馈系统由检测元件和相应的电路组成，其作用是检测机床的实际位置、速度等信息，并将其反馈给数控装置与指令信息进行比较和校正，构成系统的闭环控制。

6. 机床本体

机床本体指的是数控机床机械机构实体，包括床身、主轴、进给机构等机械部件。由于数控机床是高精度和高生产率的自动化机床，与传统的普通机床相比，应具有更好的刚性和抗震性，相对运动摩擦系数要小，传动部件之间的间隙要小，而且传动和变速系统要便于实现自动化控制。

12.1.2 数控机床的加工特点(Characteristics of NC machine tools)

数控机床以其精度高、效率高、能适应小批量多品种复杂零件的加工等特点，在机械加工中得到日益广泛的应用。概括起来，数控机床的加工有以下几方面的特点：

(1) 适应性强。适应性即所谓的柔性，是指数控机床随生产对象的变化而变化的适应能力。在数控机床上改变加工零件时，只需重新编制程序，输入新的程序后就能实现对新零件的加工，而不需改变机械部分和控制部分的硬件，且生产过程是自动完成的。这就为复杂结构零件的单件、小批量生产以及试制新产品提供了极大的方便。适应性强是数控机床最突出的优点，也是数控机床得以应用和迅速发展的主要原因。

(2) 精度高，质量稳定。数控机床是按数字形式给出的指令进行加工的，一般情况下工作过程不需要人工干预，这就消除了操作者人为产生的误差。在设计制造数控机床时，采取了许多措施，使数控机床的机械部分达到了较高的精度和刚度。数控机床工作台的移动当量普遍达到了 0.01～0.0001 mm, 而且进给传动链的反向间隙与丝杠螺距误差等均可由数控装置进行补偿。高档数控机床采用光栅尺进行工作台移动的闭环控制。数控机床的加工精度由过去的 ±0.01 mm 提高到 ±0.005 mm, 甚至更高; 定位精度在 20 世纪 90 年代初中期已达到 ±0.002～ ±0.005 mm。此外, 数控机床的传动系统与机床结构都具有很高的刚度和热稳定性。通过补偿技术, 数控机床可获得比本身精度更高的加工精度, 尤其提高了同一批零件生产的一致性, 产品合格率高, 加工质量稳定。

(3) 生产效率高。零件加工所需的时间主要包括机动时间和辅助时间两部分。数控机床主轴的转速和进给量的变化范围比普通机床大, 因此数控机床每一道工序都可选用最有利的切削用量。由于数控机床结构刚性好, 允许进行大切削用量的强力切削, 这就提高了数控机床的切削效率, 节省了机动时间。数控机床的移动部件空行程运动速度快, 工件装夹时间短, 刀具可自动更换, 辅助时间比一般机床大为减少。

在数控机床上更换被加工零件时几乎不需要重新调整机床, 节省了零件安装调整时间。数控机床加工质量稳定, 一般只作首件检验和工序间关键尺寸的抽样检验, 因此节省了停机检验时间。在加工中心机床上加工时, 一台机床实现了多道工序的连续加工, 生产效率的提高更为显著。

(4) 能实现复杂的运动。普通机床难以实现或无法实现轨迹为三次以上的曲线或曲面的运动, 如螺旋桨、汽轮机叶片之类的空间曲面; 而数控机床可实现几乎是任意轨迹的运动和加工任何形状的空间曲面, 适应复杂异形零件的加工。

(5) 良好的经济效益。数控机床虽然设备昂贵, 加工时分摊到每个零件上的设备折旧费较高, 但在单件、小批量生产的情况下, 使用数控机床加工可节省划线工时, 减少调整、加工和检验时间, 节省直接生产费用。数控机床加工零件一般不需制作专用夹具, 节省了工艺装备费用。数控机床加工精度稳定, 减少了废品率, 使生产成本进一步下降。此外, 数控机床可实现一机多用, 节省厂房面积和建厂投资。因此使用数控机床可获得良好的经济效益。

(6) 有利于生产管理的现代化。数控机床使用数字信息与标准代码处理、传递信息, 特别是在数控机床上使用计算机控制, 为计算机辅助设计、制造以及管理一体化奠定了基础。

12.1.3　数控机床的分类(Classification of NC machine tools)

数控机床的品种规格很多, 分类方法也各不相同, 一般可根据功能和结构, 按下面四种原则进行分类。

1. 按机床的运动方式分类

1) 点位控制数控机床

点位控制数控机床只要求控制机床的移动部件从一点移动到另一点的准确定位, 对于点与点之间的运动轨迹的要求并不严格, 在移动过程中不进行加工, 各坐标轴之间的运动是不相关的。为了实现既快又精确的定位, 两点间的位移一般先快速移动, 然后慢速趋近定位点, 从而保证定位精度。图 12-2 所示为点位控制的加工轨迹。具有点位控制功能的机床主要有数控钻床、数控镗床和数控冲床等。

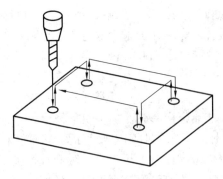

图 12-2 点位控制加工轨迹

2) 直线控制数控机床

直线控制数控机床也称为平行控制数控机床，其特点是除了控制点与点之间的准确定位外，还要控制两点之间的移动速度和移动轨迹，但其运动路线与机床坐标轴平行，也就是说同时控制的坐标轴只有一个，在移动的过程中刀具能以指定的进给速度进行切削。具有直线控制功能的机床主要有数控车床、数控铣床和数控磨床等。

3) 轮廓控制数控机床

轮廓控制数控机床也称连续控制数控机床，其控制特点是能够同时对两个或两个以上的运动坐标方向的位移和速度进行控制。为了满足刀具沿工件轮廓的相对运动轨迹符合工件加工轮廓的要求，必须将各坐标方向运动的位移控制和速度控制按照规定的比例关系精确地协调起来。因此，在这类控制方式中要求数控装置具有插补运算功能，通过数控系统内插补运算器的处理，把直线或圆弧的形状描述出来，也就是一边计算，一边根据计算结果向各坐标轴控制器分配脉冲量，从而控制各坐标轴的联动位移量与要求的轮廓相符合。在运动过程中刀具对工件表面连续进行切削，可以进行各种直线、圆弧、曲线的加工。轮廓控制的加工轨迹如图 12-3 所示。

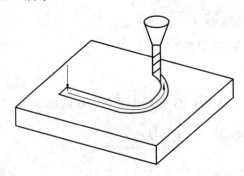

图 12-3 轮廓控制加工轨迹

这类机床主要有数控车床、数控铣床、数控线切割机床和加工中心等，其相应的数控装置称为轮廓控制数控系统。根据它所控制的联动坐标轴数不同，又可以分为下面几种形式。

(1) 二轴联动。主要用于数控车床加工旋转曲面或数控铣床加工曲线柱面。

(2) 二轴半联动。它主要用于三轴以上机床的控制，其中两根轴可以联动，而另外一根轴可以做周期性进给。图 12-4 所示是采用这种方式加工三维空间曲面。

(3) 三轴联动。一般分为两类，一类就是 X、Y、Z 三个直线坐标轴联动，比较多地用于数控铣床和加工中心，图 12-5 所示为用球头铣刀铣削三维空间曲面；另一类是除了同时控制 X、Y、Z 其中两个直线坐标轴外，还同时控制围绕其中某一直线坐标轴旋转的旋转坐标轴，如车削加工中，除了纵向(Z 轴)、横向(X 轴)两个直线坐标轴联动外，还要同时控制围绕 Z 轴旋转的主轴(C 轴)联动。

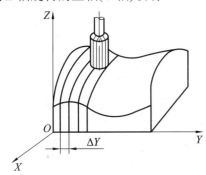

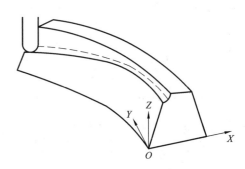

图 12-4　二轴半联动的曲面加工　　　　　图 12-5　三轴联动的曲面加工

(4) 四轴联动。同时控制 X、Y、Z 三个直线坐标轴与某一旋转坐标轴联动。图 12-6 所示为同时控制 X、Y、Z 三个直线坐标轴与一个工作台回转轴联动的数控机床。

(5) 五轴联动。除同时控制 X、Y、Z 三个直线坐标轴联动外，还同时控制围绕直线坐标轴旋转的 A、B、C 坐标轴中的两个旋转坐标轴，形成同时控制五个轴联动。图 12-7 所示为控制刀具同时绕 X 轴和 Y 轴两个方向摆动，使得刀具在其切削点上始终保持与被加工的轮廓曲面成法线方向，以保证被加工曲面的光滑性，提高其加工精度和加工效率，降低被加工表面的粗糙度。

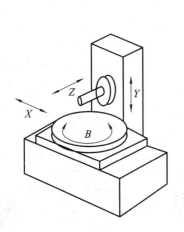

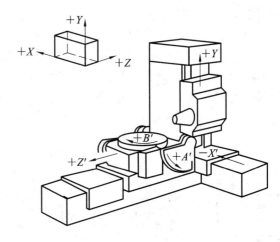

图 12-6　四轴联动的数控机床　　　　　图 12-7　五轴联动的加工中心

2. 按伺服系统控制方式进行分类

1) 开环控制数控机床

开环控制数控机床的进给伺服驱动是开环的，即没有检测反馈装置，它的电动机一般为步进电动机。步进电动机的主要特征是控制电路每变换一次指令脉冲信号，电动机就转动一个步距角，并且电动机本身就有自锁能力。其控制系统的框图如图 12-8 所示，数控系统输出的进给指令信号通过脉冲分配器来控制驱动电路。它以变换脉冲的个数来控制坐标位移量，以变换脉冲的频率来控制位移速度，以变换脉冲的分配顺序来控制位移的方向。因此，这种控制方式的最大特点是控制方便、结构简单、价格便宜。因为数控系统发出的指令信号流是单向的，所以不存在控制系统的稳定性问题，但由于机械传动的误差不经过反馈校正，位移精度不高。

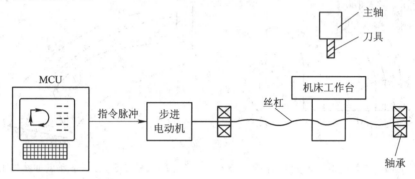

图 12-8 开环控制系统

2) 闭环控制数控机床

闭环控制数控机床的进给伺服驱动是按闭环反馈控制方式工作的，其驱动电动机可采用直流或交流两种伺服电动机，并需要具有位置反馈和速度反馈，在加工中随时检测移动部件的实际位移量，并及时反馈给数控系统中的比较器，与插补运算所得到的指令信号进行比较，其差值又作为伺服驱动的控制信号带动位移部件，以消除位移误差。

按位置反馈检测元件的安装部位和所使用的反馈装置的不同，它又分为全闭环控制和半闭环控制两种控制方式。

(1) 全闭环控制。如图 12-9 所示，其位置反馈装置采用直线位移检测元件(目前一般采用光栅尺)，安装在机床的工作台侧面，即直接检测机床工作台坐标的直线位移 M，并通过反馈消除从电动机到机床工作台的整个机械传动链中的传动误差，从而得到机床工作台的准确位置。这种全闭环控制方式主要用于精度要求很高的数控坐标镗床和数控精密磨床等。

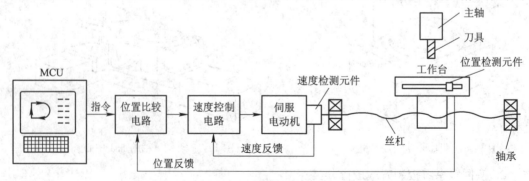

图 12-9 全闭环控制系统

(2) 半闭环控制。如图 12-10 所示。其位置反馈采用转角检测元件(目前主要采用编码器等)，直接安装在伺服电动机或丝杠端部。由于大部分机械传动环节未包括在系统闭环环路内，可获得较稳定的控制特性。丝杠等机械传动误差不能通过反馈来随时校正，但是可以采用软件定向补偿方法适当提高其精度。目前，大部分数控机床均采用半闭环控制方式。

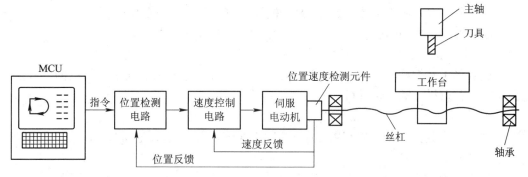

图 12-10　半闭环控制系统

3) 混合控制数控机床

将上述控制方式的特点有选择地集中，可以组成混合控制的方案。如前所述，由于开环控制方式稳定性好、成本低、精度差，而全闭环稳定性差，为了互相弥补，以满足某些机床的控制要求，宜采用混合控制方式。采用较多的控制方式有开环补偿型和半闭环补偿型两种。

3. 按数控系统的功能水平分类

按照数控系统的功能水平分，数控机床可以分为经济型、中档型和高档型三种类型。这种分类方法目前并无明确的定义和确切的分类界限，不同国家的分类含义也不同，不同时期的含义也在不断发生变化。

1) 经济型数控机床

这类机床的伺服进给驱动一般是由步进电机实现的开环驱动，功能比较简单、价格比较低廉、精度中等，能满足加工形状比较简单的直线、圆弧及螺纹加工。一般控制轴数在 3 轴以下，脉冲当量(分辨率)多为 10 mm，快速进给速度在 10 mm/min 以下。

2) 中档型数控机床

中档型数控机床也称标准型数控机床，采用交流或直流伺服电机实现半闭环驱动，能实现 4 轴或 4 轴以下联动控制，脉冲当量为 1 mm，进给速度为 15～24 mm/min，一般采用 16 位或 32 位处理器，具有 RS232C 通信接口、DNC 接口和内装 PLC，具有图形显示功能及面向用户的宏程序功能。

3) 高档型数控机床

高档型数控机床指加工复杂形状的多轴联动数控机床或加工中心，功能强、工序集中、自动化程度高、柔性高；一般采用 32 位以上微处理器，形成多 CPU 结构；采用数字化交流伺服电机形成闭环驱动，并开始使用直线伺服电机，具有主轴伺服功能，能实现 5 轴以上联动，脉冲当量(分辨率)为 0.1～1 mm，进给速度可达 100 mm/min 以上。

4. 按加工工艺及机床用途分类

1) 金属切削类

金属切削类数控机床指采用车、铣、铰、钻、磨、刨等各种切削工艺的数控机床。它又可分为以下两类。

(1) 普通型数控机床。如数控车床、数控铣床、数控磨床等。

(2) 加工中心。其主要特点是具有自动换刀机构和刀具库，工件经一次装夹后，通过自动更换各种刀具，在同一台机床上对工件各加工面连续进行铣(车)、铰、钻、攻螺纹等多种工序的加工，如(镗/铣类)加工中心、车削中心、钻削中心等。

2) 金属成形类

金属成形类数控机床指采用挤、冲、压、拉等成形工艺的数控机床。常用的有数控压力机、数控折弯机、数控弯管机、数控旋压机等。

3) 特种加工类

特种加工类数控机床主要有数控电火花线切割机、数控电火花成形机、数控火焰切割机、数控激光加工机等。

12.2 数控系统基础知识(Foundation of NC system)

数控系统是数字控制系统的简称，早期是由硬件电路构成的，称为硬件数控(Hard NC)，1970 年以后，硬件电路元件逐步由专用的计算机代替，称为计算机数控系统。

计算机数控(Computerized numerically controlled，CNC)系统是用计算机控制加工功能，实现数值控制的系统。CNC 系统根据计算机存储器中存储的控制程序，执行部分或全部数值控制功能，并配有接口电路和伺服驱动装置。

12.2.1 数控系统的组成及工作过程(Composition and working principle of NC system)

1. 数控系统的组成

计算机数控系统由程序、输入输出设备、CNC 装置、可编程控制器(PLC)、主轴驱动装置和进给驱动装置等组成。图 12-11 为 CNC 系统组成框图。

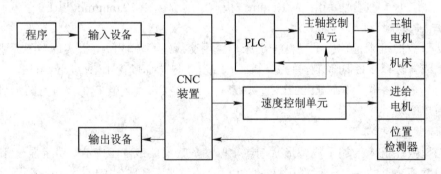

图 12-11 CNC 系统组成框图

2. 数控系统的作用

数控系统按零件加工顺序接收记载机床加工所需的各种信息，并将加工零件图上的几何信息和工艺信息数字化，同时进行相应的运算、处理，然后发出控制命令，使刀具实现相对运动，完成零件加工过程。

3. 数控系统工作过程

如图 12-12 所示(图中的虚线框为 CNC 单元)，首先把一个零件程序输入 CNC 中，经过译码、数据处理、插补、位置控制,由伺服系统执行 CNC 的输出指令以驱动机床完成加工。

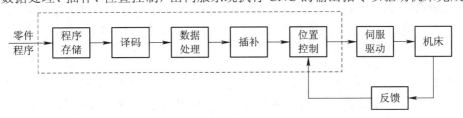

图 12-12 CNC 工作过程

CNC 系统的主要工作包括以下内容:

(1) 输入:零件程序及控制参数、补偿量等数据的输入可采用光电阅读机、键盘、磁盘、连接上位计算机的 DNC 接口、网络等多种形式。CNC 装置在输入过程中通常还要完成无效码删除、代码校验和代码转换等工作。

(2) 译码:不论系统工作在 MDI 方式还是存储器方式,都是将零件程序以一个程序段为单位进行处理,把其中的各种零件轮廓信息(如起点、终点、直线或圆弧等)、加工速度信息(F 代码)和其他辅助信息(M、S、T 代码等)按照一定的语法规则解释成计算机能够识别的数据形式,并以一定的数据格式存放在指定的内存专用单元。在译码过程中,还要完成对程序段的语法检查,若发现语法错误便立即报警。

(3) 刀具补偿:刀具补偿包括刀具长度补偿和刀具半径补偿。通常 CNC 装置的零件程序以零件轮廓轨迹编程,刀具补偿作用是把零件轮廓轨迹转换成刀具中心轨迹。在比较好的 CNC 装置中,刀具补偿的工作还包括程序段之间的自动转接和过切削判别,这就是所谓的 C 刀具补偿。

(4) 进给速度处理:编程所给的刀具移动速度是在各坐标的合成方向上的速度。速度处理首先要做的工作是根据合成速度来计算各运动坐标的分速度。在有些 CNC 装置中,关于机床允许的最低速度和最高速度的限制、软件的自动加减速等也在这里处理。

(5) 插补:插补的任务是在一条给定起点和终点的曲线上进行"数据点密化"。插补程序在每个插补周期运行一次,在每个插补周期内,根据指令进给速度计算出一个微小的直线数据段。通常经过若干次插补周期后,插补加工完一个程序段轨迹,即完成从程序段起点到终点的"数据点密化"工作。

(6) 位置控制:位置控制处在伺服回路的位置环上,这部分工作可以由软件实现,也可以由硬件完成。它的主要任务是在每个采样周期内,将理论位置与实际反馈位置相比较,用其差值去控制伺服电动机。在位置控制中,通常还要完成位置回路的增益调整、各坐标方向的螺距误差补偿和反向间隙补偿,以提高机床的定位精度。

(7) I/O 处理:I/O 处理主要处理 CNC 装置面板开关信号,机床电气信号的输入、输出和控制(如换刀、换挡、冷却等)。

(8) 显示:CNC 装置的显示功能主要是为操作者提供方便,通常用于零件程序的显示、参数显示、刀具位置显示、机床状态显示、报警显示等。有些 CNC 装置中还有刀具加工轨迹的静态和动态图形显示。

(9) 诊断:对系统中出现的不正常情况进行检查、定位,包括联机诊断和脱机诊断。

12.2.2 数控系统的插补基本原理(Interpolation Principle of NC system)

在实际加工中，被加工工件的轮廓形状千差万别，严格说来，为了满足几何尺寸精度的要求，刀具中心轨迹应该准确地依照工件的轮廓形状来生成，对于简单的曲线数控系统，可以比较容易地实现，但对于较复杂的形状，若直接生成会使算法变得很复杂，计算机的工作量也相应地大大增加，因此，实际应用中，常采用一小段直线或圆弧去进行拟合以满足精度要求(也有需要抛物线和高次曲线拟合的情况)。这种拟合方法就是"插补"，实质上插补就是数据密化的过程。

插补的任务是根据进给速度的要求，在轮廓起点和终点之间计算出若干个中间点的坐标值，每个中间点计算所需时间直接影响系统的控制速度，而插补中间点坐标值的计算精度又影响到数控系统的控制精度，因此，插补算法是整个数控系统控制的核心。

插补算法经过几十年的发展，不断成熟，种类很多。一般说来，从产生的数学模型来分，主要有直线插补、圆弧插补、二次曲线插补等；从插补计算输出的数值形式来分，主要有脉冲增量插补(也称为基准脉冲插补)和数据采样插补。脉冲增量插补和数据采样插补都有各自的特点。

12.3 数 控 车 削 加 工(NC turning)

数控车床又称计算机控制机床，是目前国内使用量最大、覆盖面最广的一种数控机床。数控机床在近几十年来受到世界各国的普遍重视，并得到了迅速发展。

12.3.1 数控车床概述(Brief introduction of NC turning machines)

数控车床能够根据已编好的程序，使机床自动完成零件加工。它综合了机械、自动化、计算机、测量、微电子等最新技术，与传统的普通加工车床相比，数控车床的机构有以下特点：

(1) 主轴精度高。主轴的回转精度直接影响到零件的加工精度。

(2) 导轨主体结构刚性好，抗振性强。新型贴塑导轨，特别是倾斜床身贴塑导轨润滑条件好，耐磨性、耐腐蚀性及吸振性好，切屑不易在导轨面堆积。

(3) 传动机构。沿纵、横两个坐标轴方向的运动通过伺服系统完成，即驱动电机、进给丝杠、床鞍及中滑板，传动链大幅度简化，并在驱动电动机至丝杠间增设了消除间隙的齿轮副。

(4) 自动转位刀架。自动转位刀架是数控车床普遍采用的一种最简单的自动换刀设备。

(5) 检测反馈装置。检测反馈装置包括位移检测装置和工件尺寸检测装置两大类。工件尺寸检测装置又分为机内尺寸检测装置和机外尺寸检测装置。检测反馈装置仅在少量高档数控车上配用。

(6) 对刀装置。对刀装置用以对自动转位刀架上每把刀的刀位点在刀架上的安装位置或相对于车床固定原点的位置对刀、调整、测量和确认，以保证零件的加工质量。

(7) 全机能数控车床有自动排屑装置。

1. 数控车床的组成

数控车床如图 12-13 所示，一般由数控装置、床身、主轴箱、刀架进给系统、尾座、液压系统、冷却系统、润滑系统等部分组成。

1—脚踏开关；
2—压力表；
3—主轴卡盘；
4—主轴箱；
5—操作面板；
6—冷却系统；
7—机床防护门；
8—回转刀架；
9—床身

图 12-13 数控车床

2. 数控车床的分类

数控车床品种繁多，规格不一，可按如下方法进行分类。

1) 按车床主轴位置分类

(1) 立式数控车床。立式数控车床简称为数控立车，其车床主轴垂直于水平面，有一个直径很大的圆形工作台，用来装夹工件。这类机床主要用于加工径向尺寸大、轴向尺寸相对较小的大型复杂零件。

(2) 卧式数控车床。卧式数控车床又分为数控水平导轨卧式车床和数控倾斜导轨卧式车床。其倾斜导轨结构可以使车床具有更大的刚性，并易于排除切屑。

2) 按加工零件的基本类型分类

(1) 卡盘式数控车。这类车床没有尾座，适合车削盘类(含短轴类)零件。

(2) 顶尖式数控车床。这类车床配有普通尾座或数控尾座，适合车削较长的零件及直径不太大的盘类零件。

12.3.2 数控车床编程基础(Programming foundation of NC turning machines)

编程就是把零件的外形尺寸、加工工艺过程、工艺参数、刀具参数等信息，按照 CNC 专用的编程代码编写加工程序的过程。数控加工就是 CNC 按加工程序的要求，控制机床完成零件加工的过程。其加工流程图如图 12-14 所示。

1. 编程基本知识

以 GSK980 车床为例。使用 X 轴、Z 轴组成的直角坐标系，X 轴与主轴轴线垂直，Z 轴与主轴轴线方向平行，接近工件的方向为负方向，离开工件的方向为正方向。按刀座与机床主轴的相对位置划分，数控车床有前刀座坐标系和后刀座坐标系，图 12-15 为前刀座的坐标系，图 12-16 为后刀座的坐标系。从图中可以看出，前、后刀座坐标系的 X 轴方向正好相反，而 Z 轴方向是相同的。在以后的图示和例子中，用前刀座坐标系来说明编程的应用。

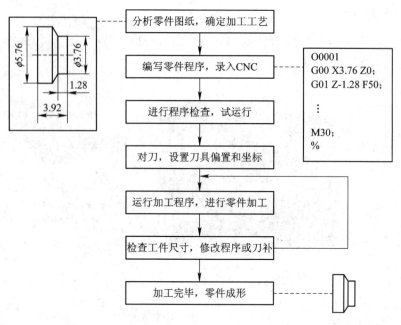

图 12-14　数控车削加工工艺流程图

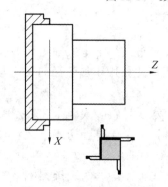

图 12-15　前刀座的坐标系

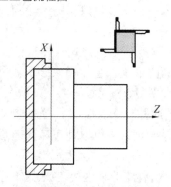

图 12-16　后刀座的坐标系

2. 机床坐标系、零点和参考点

机床坐标系是 CNC 进行坐标计算的基准坐标系，是机床固有的坐标系。机床零点是机床上的一个固定点，由安装在机床上的零点开关或回零开关决定。通常情况下回零开关安装在 X 轴和 Z 轴正方向的最大行程处。工件坐标系是按零件图纸设定的直角坐标系，又称浮动坐标系。当零件装夹到机床上后，根据工件的尺寸用 G50 设置刀具当前位置的绝对坐标，在 CNC 中建立工件坐标系。通常工件坐标系的 Z 轴与主轴轴线重合，X 轴位于零件的首端或尾端。工件坐标系一旦建立便一直有效，直到被新的工件坐标系所取代。用 G50 设定的工件坐标系的当前位置称为程序零点，执行程序回零操作后就回到此位置。

3. G 代码

G 代码由代码地址 G 和其后的 1～2 位代码值组成，用来规定刀具相对工件的运动方式、进行坐标设定等多种操作：

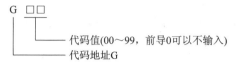

　　　　　　　　 代码值(00~99，前导0可以不输入)
　　　　　　　　 代码地址G

　　G 代码一览表见表 12-1。G 代码字分为 00、01、02、03、06、07、16、21 组。除 01 与 00 组代码不能共段外，同一个程序段中可以输入几个不同组的 G 代码字，如果在同一个程序段中输入了两个或两个以上的同组 G 代码字，则最后一个 G 代码字有效。没有共同参数(代码字)的不同组 G 代码可以在同一程序段中，功能同时有效并且与先后顺序无关。如果使用了表 12-1 以外的 G 代码或选配功能的 G 代码，则系统报警。

表 12-1　G 代码字一览表

指 令 字	组 别	功 能	备 注
G00	01	快速移动	模态 G 代码
G01		直线插补	
G02		圆弧插补(顺时针)	
G03		圆弧插补(逆时针)	
G05		三点圆弧插补	
G6.2		椭圆插补(顺时针)	
G6.3		椭圆插补(逆时针)	
G7.2		抛物线插补(顺时针)	
G7.3		抛物线插补(逆时针)	
G32		螺纹切削	
G32.1		刚性螺纹切削	
G33		Z 轴攻丝循环	
G34		变螺距螺纹切削	
G90		轴向切削循环	
G92		螺纹切削循环	
G84		端面刚性攻丝	
G94		径向切削循环	
G04	00	暂停、准停	非模态 G 代码
G10		数据输入方式有效	
G11		取消数据输入方式	
G28		返回机床第 1 参考点	
G30		返回机床第 2、第 3、第 4 参考点	
G31		跳转插补	
G36		自动刀具补偿测量 X	
G37		自动刀具补偿测量 Z	
G50		坐标系设定	
G65		宏代码	
G70		精加工循环	
G71		轴向粗车循环	

续表

指 令 字	组 别	功 能	备 注
G73	00	封闭切削循环	非模态 G 代码
G74		轴向切槽多重循环	
G75		径向切槽多重循环	
G76		多重螺纹切削循环	
G20	06	英制单位选择	模态 G 代码
G21		公制单位选择	
G40	07	取消刀尖半径补偿	初态 G 代码
G41		刀尖半径左补偿	模态 G 代码
G42		刀尖半径右补偿	
G17	16	XY 平面	模态 G 代码
G18		ZX 平面	初态 G 代码
G19		YZ 平面	模态 G 代码

G 代码执行后，其定义的功能或状态保持有效，直到被同组的其他 G 代码改变，这种 G 代码称为模态 G 代码。模态 G 代码执行后，在其定义的功能或状态被改变以前，后续的程序段执行该 G 代码字时，可不需要再次输入该 G 代码。

G 代码执行后，其定义的功能或状态一次性有效，每次执行该 G 代码时，必须重新输入该 G 代码字，这种 G 代码称为非模态 G 代码。

系统上电后，未经执行其功能或状态就有效的模态 G 代码称为初态 G 代码。上电后不输入 G 代码时，按初态 G 代码执行。

4. M 代码(辅助功能)

M 代码由代码地址 M 和其后的 1～2 位数字或 4 位数组成，用于控制程序执行的流程或输出 M 代码到 PLC。

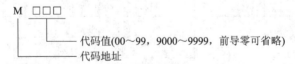

M98、M99、M9000～M9999 由 NC 独立处理，不输出 M 代码给 PLC。

M02、M30 已由 NC 定义为程序结束代码，同时也输出 M 代码到 PLC，可由 PLC 程序用于输入输出控制(关主轴、关冷却等)。

M98、M99、M9000～M9999 作为程序调用代码，M02、M30 作为程序结束代码，PLC 程序不能改变上述代码意义。

一个程序段中只能有一个 M 代码，当程序段中出现两个或两个以上的 M 代码时，CNC 报警。

表 12-2 为控制程序执行的流程 M 代码。

表 12-2　控制程序执行的流程 M 代码一览表

代　码	功　能
M02	程序运行结束
M30	程序运行结束
M98	子程序调用
M99	从子程序返回：若 M99 用于主程序结束(即当前程序并非由其他程序调用)，则程序反复执行
M9000～M9999	调用宏程序(程序号大于 9000 的程序)

5. 绝对坐标编程和相对坐标编程

编写程序时，需要给定轨迹终点或目标位置的坐标值，按编程坐标值类型可分为绝对坐标编程、相对坐标编程和混合坐标编程三种编程方式。

使用 X、Z 轴的绝对坐标值编程(用 X、Z 表示)称为绝对坐标编程；使用 X、Z 轴的相对位移量(以 U、W 表示)编程称为相对坐标编程。

GSK980 允许在同一程序段分别使用 X、Z 轴的绝对编程坐标值和相对位移量编程，称为混合坐标编程。

【例 1】　编程实现 $A \rightarrow B$ 直线插补，见图 12-17。

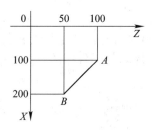

图 12-17　示例图

绝对坐标编程：

G01 X200. Z50.;

相对坐标编程：

G01 U100. W-50.;

混合坐标编程：

G01 X200. W-50.;

或　G01 U100. Z50.;

注：当一个程序段中同时有指令地址 X、U 或 Z、W 时，绝对坐标编程地址 X、Z 有效。

例如，对于程序段：

G50 X10. Z20.;

G01 X20. W30. U20. Z30.;

其终点坐标值(X，Z)为(20，30)。

6. 程序的一般结构

程序由以"O××××"(程序名)开头，以"%"号结束的若干行程序段构成。程序段由以程序段号开始(可省略)，以";"或"*"结束的若干个代码字构成。程序的一般结构如图 12-18 所示。

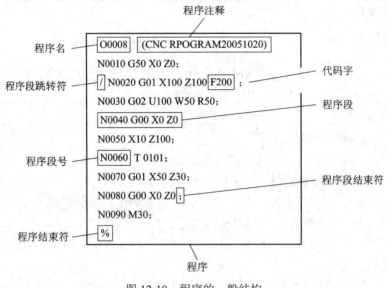

图 12-18　程序的一般结构

1) 程序名

GSK980 最多可以存储 10 000 个程序，为了识别和区分各个程序，每个程序都有唯一的程序名(程序名不允许重复)，程序名位于程序的开头，由 O 及其后的 4 位数字构成：

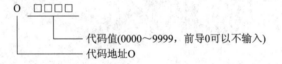

2) 代码字

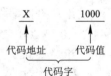

代码字是用于命令 CNC 完成控制功能的基本代码单元，由一个英文字母(称代码地址)和其后的数值(称为代码值，为有符号数或无符号数)构成。代码地址规定了其后代码值的意义，在不同的代码字组合情况下，同一个代码地址可能有不同的意义。

3) 程序段

程序段由若干个代码字构成，以";"或"*"结束，是 CNC 程序运行的基本单位。程序段之间用字符";"或"*"分开。示例如下：

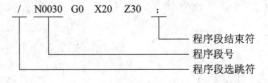

一个程序段中可输入若干个代码字，也允许无代码字而只有";"号(EOB 键)结束符。有多个代码字时，代码字之间必须输入一个或一个以上空格。

在同一程序段中，除 N、G、S、T、H、L 等地址外，其他的地址只能出现一次，否则将产生报警(代码字在同一个程序段中被重复指令)。N、S、T、H、L 代码字在同一程序段中重复输入时，相同地址的最后一个代码字有效。同组的 G 代码在同一程序段中重复输入时，最后一个 G 代码有效。

4) 程序段号

程序段号由地址 N 和后面的 4 位数构成：N0000～N9999，前导 0 可省略。程序段号应位于程序段的开头，否则无效。

程序段号可以不输入，但程序调用、跳转的目标程序段必须有程序段号。程序段号的顺序可以是任意的，其间隔也可以不相等，但为了方便查找、分析程序，建议程序段号按编程顺序递增或递减。

12.3.3 编程应用实例(Programming example)

【例 2】 为了完成零件的自动加工(参见图 12-19)，用户需要按照 CNC 的编程格式编写零件程序(简称程序)，CNC 执行程序完成机床进给运动、主轴起停、刀具选择、冷却、润滑等控制，从而实现零件的加工。

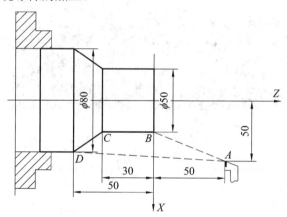

图 12-19 示例图

程序如下：

O0001 ；	(程序名)
N0005 G0 X100 Z50；	(快速定位至 A 点)
N0010 M12；	(夹紧工件)
N0015 T0101；	(换 1 号刀执行 1 号刀偏)
N0020 M3 S600；	(启动主轴，置主轴转速 600 r/min)
N0025 M8	(开冷却液)
N0030 G1 X50 Z0 F600；	(以 600 mm/min 速度靠近 B 点)
N0040 W-30 F200；	(从 B 点切削至 C 点)
N0050 X80 W-20 F150；	(从 C 点切削至 D 点)
N0060 G0 X100 Z50；	(快速退回 A 点)
N0070 T0100；	(取消刀偏)
N0080 M5 S0；	(停止主轴)
N0090 M9；	(关冷却液)

N0100 M13;　　　　　　　　(松开工件)

N0110 M30;　　　　　　　　(程序结束，关主轴、冷却液)

N0120 %

执行完上述程序，刀具将走出 $A \rightarrow B \rightarrow C \rightarrow D \rightarrow A$ 的轨迹。

12.3.4　数控车床操作(Operation of NC turning machines)

1. 操作面板及功能键

以 GSK980 集成式操作面板为例，面板划分如图 12-20 所示。表 12-3 为功能键功能说明。

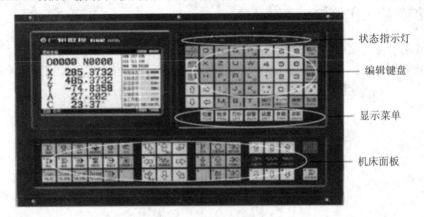

图 12-20　GSK980 面板划分

表 12-3　功能键说明

图　标	键　名	图　标	键　名
	编辑方式按钮		空运行按钮
	自动加工方式按钮		返回程序起点按钮
	录入方式按钮	0.001 0.01 0.1 1	单步/手轮移动量按钮
	回参考点按钮	X⊙ Z⊙	手摇轴选择
	单步方式按钮		紧急开关
	手动方式按钮	HAND	手轮方式切换按钮
	单程序段按钮	MST →|←	辅助功能锁住
	机床锁住按钮		

2. 安全操作规程

(1) 操作机床时，必须单人操作，其他同学可在旁边观察或提醒。

(2) 手动操作时，应一边操作，一边注意刀架移动情况，以免损坏了刀具，并应注意不要让刀架走出行程范围。当刀架走出行程范围时，会出现"准备未绪"的错误。

(3) 在执行"机械回零"操作时，应注意使刀架位置在行程开关界限内，否则刀架会走出行程范围，出现"准备未绪"的错误。

(4) 单段自动运行程序时，人不能离开机床，有时程序出错或机床性能不稳定会出现故障，此时应立即关机，等待故障消除。

(5) 下课前 10 min 要清洁车床，关闭电源、卡盘等。

3. 加工举例

【例3】　加工图 12-21 所示零件。

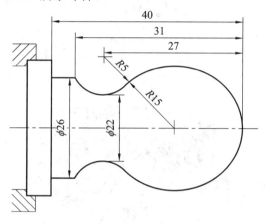

图 12-21　零件图

(1) 编制程序。

O0001；	(程序名)
N001 G0 X40 Z5；	(快速定位)
N002 M03 S200；	(主轴开)
N003 G01 X0 Z0 F900；	(靠近工件)
N005 G03 U24 W-24 R15；	(切削 R15 圆弧段)
N006 G02 X26 Z-31 R5；	(切削 R5 圆弧段)
N007 G01 Z-40；	(切削 ϕ26)
N008 X40 Z5；	(返回起点)
N009 M30；	(程序结束)

(2) 输入程序。

(3) 校验程序。

(4) 对刀及运行。

12.4　数控铣削加工(NC milling)

数控铣床是在一般铣床的基础上发展起来的一种自动加工设备，两者的加工工艺基本相同，结构也有些相似。

12.4.1 数控铣床概述(Brief introduction of NC milling machines)

1. 数控铣床的组成

如图 12-22 所示，数控铣床一般由数控系统、主传动系统、进给伺服系统、冷却润滑系统等几大部分组成。

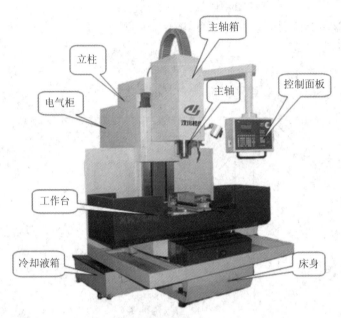

图 12-22 数控铣床

(1) 主轴箱。包括主轴箱体和主轴传动系统，用于装夹刀具并带动刀具旋转。主轴的转速范围和输出扭矩对加工有直接的影响。

(2) 进给伺服系统。由进给电机和进给执行机构组成，按照程序设定的进给速度实现刀具和工件之间的相对运动，包括直线进给运动和旋转运动。

(3) 控制系统。数控铣床运动控制的中心，执行数控加工程序，控制机床进行加工。

(4) 辅助装置。如液压、气动、润滑、冷却系统和排屑、防护等装置。

(5) 机床基础件。通常是指底座、立柱、横梁等，是整个机床的基础和框架。

2. 数控铣床的特点

与其他数控机床(如数控车床、数控钻镗床等)相比，数控铣床在结构上主要有下列几个特点：

(1) 控制机床运动的坐标特征。为了要把工件上各种复杂的形状轮廓连续加工出来，必须控制刀具沿设定的直线、圆弧或空间的直线、圆弧轨迹运动，这就要求数控铣床的伺服运动系统能在多坐标方向同时协调动作，并保持预定的相互关系，也就是要求机床应能实现多坐标联动。数控铣床要控制的起码是三坐标中任意两坐标联动；要实现连续加工直线变斜角工件，起码要实现四坐标联动；而若要加工曲线变斜角工件，则要求实现五坐标联动。

(2) 数控铣床的主轴特征。现代数控铣床的主轴的开启与停止，正反转与主轴变速等都可以按程序介质上编入的程序自动执行。不同的机床其变速功能与范围也不同。有的采用变频机组(目前已很少采用)，固定几种转速，可任选一种编入程序，但不能在运转时改变；有的采用变频器调速，将转速分为几挡，编程时可任选一挡，在运转中可通过控制面板上的旋钮在本范围内自由调节；有的则不分挡，编程时可在整个调速范围内任选一值，在主轴运转中可以在全速范围内进行无级调整，但从安全角度考虑，每次只能在允许的范围内调高或调低，不能有大起大落的突变。在数控铣床的主轴套筒内一般都设有自动拉、退刀装置，能在数秒内完成装刀与卸刀，使换刀较方便。

12.4.2 数控铣床坐标系(Coordinate System of NC milling machines)

为了确定数控机床的运动方向和移动距离，在机床上采用直角笛卡儿坐标系建立机床坐标系。其基本坐标轴为 X、Y、Z 直角坐标，大拇指为 X 轴正方向，食指为 Y 轴正方向，中指为 Z 轴正方向，如图 12-23 所示。负方向以在正方向相反的方向加′表示，例如+X′、+Y′、+Z′。

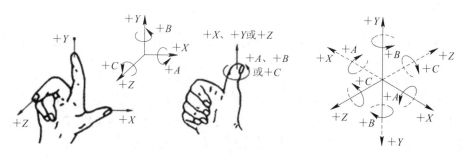

图 12-23 右手笛卡儿坐标系

1. 坐标轴及其运动方向

不论机床的具体结构是工件静止、刀具运动，还是工件运动、刀具静止，数控机床的坐标运动指的都是刀具相对静止的工件坐标系的运动。

(1) Z 轴。一般取产生切削力的主轴轴线为 Z 轴，刀具远离工件方向为正向。

(2) X 轴。一般为水平方向，位于平行于工件装夹面的水平面内且垂直于 Z 轴。对于数控铣床，当 Z 轴为立式时，人面对主轴，向右为正 X 方向；当 Z 轴为卧式时，人面对主轴，向左为正 X 方向。

(3) Y 轴。根据已确定的 X、Z 轴，按右手直角坐标系确定。

2. 坐标原点

1) 机床原点

数控机床都有一个基准位置即机床原点，是机床坐标系的原点，即 X = 0、Y = 0、Z = 0。它是机床制造厂家设置在机床上的一个物理位置。每台机床的机床原点是固定的，数控铣床的原点有的设在机床工作台中心，有的设在进给行程范围的终点，一般设在主轴前端的中心。其作用是使机床与控制系统同步，建立测量机床运动坐标的起始点。

2) 机床参考点

与机床原点相对应的还有一个机床参考点，也是机床上的一个固定点。机床的参考点与机床的原点不同，是用于对机床工作台、滑板以及刀具相对运动的测量系统进行定标和控制的点，如加工中心的参考点为自动换刀位置，数控车床的参考点是指车刀退离主轴端面和中心线最远并且固定的一个点。

3) 工作坐标系、程序原点和对刀点

工作坐标系是编程人员在编程时使用的，编程人员选择工件上的某一已知点为原点(也称程序原点)，建立一个新的坐标系，称为工件坐标系。工件坐标系一旦建立就一直有效，直到被新的工件坐标系所取代。

工件坐标系原点的选择应尽量满足编程简单、尺寸换算少、引起的加工误差小等条件。一般情况下，以坐标式尺寸标注的零件程序原点应选择在尺寸标注的基准点；对称零件或以同心圆为主的零件程序原点应选在对称中心线或圆心上；Z 轴的程序原点通常选在工件上表面。

对刀点是零件程序加工的起始点，对刀的目的是确定程序原点在机床坐标系中的位置。对刀点可与程序原点重合，也可在任何便于对刀之处，但该点与程序原点之间必须有确定的坐标联系。

12.4.3　数控铣床编程基础(Programming foundation of NC milling machines)

1. 数控加工程序

生成数控机床加工零件的数控程序的过程称为数控编程。其步骤如下：

(1) 分析零件图和工艺处理。对零件图进行分析以明确加工内容及要求，确定该零件是否适合采用数控机床进行加工，确定加工方案，包括选择合适的数控机床、设计夹具、选择刀具、确定合理的走刀路线以及选择合理的切削用量等。

(2) 数学处理。根据零件图样的几何尺寸、加工路线和设定的坐标系，计算刀具中心运动轨迹，以获得刀位数据。计算的复杂程度取决于零件的复杂程度和所用数控系统的功能。一般的数控系统都具有直线插补和圆弧插补功能，加工由圆弧和直线组成的简单零件时，只需计算出零件轮廓的相邻几何元素的交点或切点的坐标值，得出各几何元素的起点、终点和圆弧的圆心坐标值；具有特殊曲线的复杂零件可利用计算机进行辅助计算。

(3) 编写零件加工程序单。根据计算的加工路线数据和确定的工艺参数、刀位数据，结合数控系统对输入信息的要求，按数控系统的指令代码和程序段格式编写加工程序单。

(4) 程序输入。有手动数据输入、介质输入、通信输入等方式，具体输入方式主要取决于数控系统的性能及零件的复杂程度。对于不太复杂的零件，常采用手动数据输入(MDI)。介质输入方式是将加工程序记录在穿孔带、磁盘、磁带等介质上，用输入装置一次性输入。现代 CNC 系统可通过网络将数控程序输入数控系统。

(5) 校验。输入数控系统程序后须经试运行，校验程序语法与加工轨迹等是否正确。

2. 编程格式

以数控铣削机床(XK7130)为例，该铣床使用的是 GSK928MA 钻铣床数控系统。工件加工程序是由若干个加工程序段组成的。每个加工程序段定义主轴转速(S 功能)，刀具功能(H 刀长补偿，D 刀具半径补偿)，辅助功能(M 功能)和快速定位/切削进给的准备功能(G 功能)等。

每个程序段由若干个字段组成，字段以一英文字符开头，后跟一数值，程序段以字段 N 开头(程序段号)，然后是其他字段，最后以回车(Enter)结尾。

程序段的格式为

/N5 X±5.2 Y±5.2 Z±5.2 A±5.2 C±5.2 I±5.2 J±5.2 K±5.2 U5.2 V5.2 W5.2 P5 Q5.2R±5.2 D1 H1 L5 F5.2 S2 T1 M2

其中：

/——可跳程序段符号，必须在开头，运行加工程序时，若跳段(SKIP)键生效(对应操作面板跳段指示灯亮)，则系统将跳过，即不执行含有"/"的程序段。

N××——程序段号(0~65536)可缺省，若有 N 则必须是程序段的第一个代码(DNC 时可省略 N)。

X、Y、Z、A、C——范围在 -99999.99~99999.99 的各轴坐标位置，可为相对值(G91 状态)或绝对值(G90 状态)。

I、J、K——圆弧插补时，圆心相对于起点的位置 K 在攻牙时为使用的主轴转速。

U、V、W、Q——固定循环 G 功能中使用的数据，一般要求大于零。

P——延时时间、程序段号、参数号等。

R——圆弧半径，固定循环 G 功能中用来定义 R 基准面位置。

D——刀具半径编号(0~9)，用于刀具半径补偿。

H——刀具长度编号(0~9)，用于刀具长度补偿。

L——调用子程序的循环次数，钻孔的孔数等。

F——加工切削进给速度，单位为毫米/分钟，或毫米/转。

S——主轴转速。

T——换刀功能。

M——主轴启停，水泵启停，用户输入输出等辅助功能。

G——准备功能，同一程序段中可同时出现几个定义状态的 G 指令和一个动作 G 指令。程序段使用自由格式，除要求"/""N"在开头之外，其他字段（字母后跟一数值）可按任意顺序存放。程序段以回车(ENTER)键作为结束符。

例如，加工程序 P10（10 号加工程序）：

N10 G0 X50 Y100 Z20；　　　　段 10，快速定位
N20 G91 G0 X-30 Z-10；　　　　段 20，相对编程，快速定位
N30 G1 Z-50 F40；　　　　　　段 30，直线插补(直线切削)
N40 G17 G2 X-10 Y-5 R10；　　段 40，圆弧插补
N50 G0 Y60 Z60；　　　　　　　段 50，快速定位
N60 G28 X0 M2；　　　　　　　段 60，回加工起点，程序结束

其中，N30、G1、Z-50、F40 称为字段，字段开头的字符表示字段的意义，后面的数值为字段的取值。为了表达取值的范围，这里用 N4 表示字段 N 取值范围为 4 位整数(0~9999)，而 X±5.2 取值范围为 -99999.99~+99999.99，即最多 5 位整数位和最多两位小数位，可正负。

3. 常用的加工程序指令

常用的加工程序指令有准备功能指令、辅助功能指令等。

(1) 准备功能指令——G 指令。表 12-4 为数控铣床的 G 代码及其功能。

表 12-4　数控铣床的 G 代码及其功能

指　令	功　能	指　令	功　能
G92	设置绝对坐标值	G25	设置 G61 的定点
G00	快速点定位	G38	径向伸长或缩短刀具半径
G01	直线插补	G17	选 XY 平面
G02	顺圆插补	G18	选 ZX 平面
G03	逆圆插补	G19	选 YZ 平面
G60	ZYXZ 返回上段程序	G90	指定绝对坐标编程
G26	XYZ 回程序起点	G91	指定增量坐标编程
G27	X 回程序起点	G36	比例放缩
G28	Y 回程序起点	G37	比例放缩取消
G29	Z 回程序起点	G40	取消刀具半径补偿
G30	A 回程序起点	G41	刀具在工件左侧补偿
G81	钻孔程序	G42	刀具在工件右侧补偿
G84	刚性攻丝循环	G43	刀具长度加补偿长度
G11	镜像设置	G44	刀具长度减补偿长度
G12	镜像取消	G49	取消刀具补偿
G61	回 G25 指令设置点	G45	加一个刀具半径进给

(2) 辅助功能指令——M 指令。辅助功能指令用地址字 M 加两位数字表示。这些指令主要用于规定机床加工时的工艺，如主轴的停转、切削液的开关等。数控铣床的辅助功能指令及其功能见表 12-5。

表 12-5　数控铣床的辅助功能指令及其功能

指令	功　能	指令	功　能
M03	主轴顺转启动	M54	自定义(模态)
M04	主轴逆转启动	M02	程序运行结束
M05	关主轴	M20	回起点、重复运行
M08	开冷却液	M30	程序结束
M09	关冷却液	M97	无条件程序转移
M12	自定义输入检测+24	M98	无条件程序调用
M13	自定义检测 OV	M99	子程序结束返回
M23	自定义开(模态、初态)	M00	程序运行暂停
M22	自定义关(模态)		
M55	自定义开(模态、初态)		

12.4.4 编程应用实例(Programming example)

编程是使用系统的参数(参数设置)值作为程序段中的某些字段的值,利用参数的变化(G22 功能可对系统参数进行修改)机制,使这些字段的值成为可变的,再结合 G23 功能判参数值进行跳转,以实现复杂的加工循环程序的编制,或用户特殊的循环加工程序的编制。

系统参数共有 99 个,参数的编号为 1～99,对于编号为 1～84 的参数,用户在使用时要注意该参数的改变对系统相关功能的影响,编号 85～99 的参数用户可自由使用。可以对字段 X、Y、Z、U、V、W、Q、F、I、J、K、R 进行参数编程,格式为字段的英文字母后面跟*号和参数编号。

注意:系统内部全部使用整数进行运算,0.01 对应内部整数 1,内部整数的范围是 –999999999～999999999。在使用 G22 进行运算时,要小心对待,并保证运算不溢出。

例如,"N200G0X*70Y*71;"段中,字段 X 的值为 70 号参数的值,Y 的值为 71 号参数的值。

【例4】 利用参数编程实现三角形循环切削的功能,如图 12-24 所示。加工原点 *XY* 平面的坐标为(200.00,300.00),刀具已处于加工原点。

加工程序如下:

N10 G0 X200 Y300 Z0;   (快速定位)

N30 G22 P62 X8 L1;   (62 号参数 = 8.00:X 轴方向的初始进刀量)

N40 G23 P62 Z150 L60;   (判断:X 轴方向的总进刀量<150.00 ?)

N50 G22 P62 X150 L1;   (否,进刀量 P62 = 150.00)

N60 G22 P61 X*62 Y200 Z150 L14;   (61 号参数:Y 轴方向进刀量 = L62*200/150)

N90 G22 P60 X*62 L2;   (60 号参数 = –P62)

N100 G22 P79 X*61 L2;   (79 号参数 = –P61)

N110 G91 G0 X*60;   (X 轴快进)

N120 G1 X*62 Y*79;   (斜线切削)

N130 G0 Y*61;   (Y 轴方向快回零点)

N140 G23 P62 X150 L180;   (若 X 轴方向总进刀量为 150,则循环结束)

N150 G22 P62 X8 L4;   (X 轴方向进刀量+8.00)

N160 M92 P40;   (转程序段 N40 继续循环)

N170 M2;   (循环结束:停主轴,程序结束)

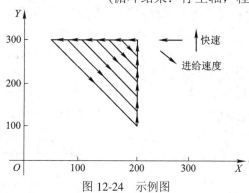

图 12-24　示例图

12.4.5 数控铣床操作(Operation of NC milling machines)

1. 操作面板

以 GSK928MA 数控系统操作面板功能键(如图 12-25 所示)为例。

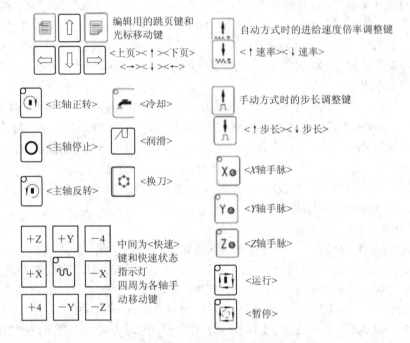

图 12-25 GSK928MA 操作面板功能

2. 指示灯及功能键

<主轴正转>键及其指示灯：手动方式或自动方式时，按<主轴正转>键或执行 M03 功能后该指示灯亮，表示主轴处于准备正转状态。

<主轴停止>键及其指示灯：手动方式或自动方式时，按<主轴停止>键或执行 M05 功能后，<主轴正转>指示灯和<主轴反转>指示灯不亮，表示主轴处于停止状态。

<主轴反转>键及其指示灯：手动方式或自动方式时，按<主轴反转>键(输入主轴转速)或执行 M04 功能后该指示灯亮，表示主轴处于反转状态。

<冷却>键及其指示灯：手动方式或自动方式时，按<冷却>键或执行 M08，M09 功能后该指示灯亮或灭，表明冷却液的开或关状态。

<润滑>键及其指示灯：手动方式或自动方式时，按<润滑>键或执行 M32，M33 功能后该指示灯亮或灭，表明润滑液的开或关状态。

<换刀>键及其指示灯：T 功能，与系统的 98 号参数有关：

当 98 号参数小于等于 0.00 时，表示机床未安装自动换刀的刀架，手动方式下能执行 T 功能，但刀架反转锁定的时间很短，且手动、自动、空运行等操作方式界面下的相应位置在无执行 T 功能时不显示 T 代码。而自动方式运行到加工程序的 T 功能字段时，系统将暂停，操作员此时可进行人工换刀，换好刀后，按<运行>键接着执行加工程序。

当 98 号参数大于 0.00 时，表示机床已安装自动换刀的刀架，98 号参数此时表示刀架反转锁定的时间(通常为 1 s)。执行 T 功能时，若数字表示的刀具号非当前的刀具，则系统控制刀架转动到需要的刀具。

<X 轴手脉>键及其指示灯：手动方式时，按<X 轴手脉>键使指示灯亮或灭，亮时表明手脉作用于 X 轴。

<Y 轴手脉>键及其指示灯：手动方式时，按<Y 轴手脉>键使指示灯亮或灭，亮时手脉作用于 Y 轴。

<Z 轴手脉>键及其指示灯：手动方式时，按<Z 轴手脉>键使指示灯亮或灭，亮时手脉作用于 Z 轴。

注：手脉有作用时，手动移动键将不起作用。

<快速>键及其指示灯：手动方式时，按<快速>键则灯在亮灭之间切换，灯亮时，手动的移动速度为系统的 1 号参数(G0 SPD)设定的快速定位速度；灯不亮时，手动的移动速度为 2 号参数(G1 F)设定的切削进给速度。在手脉状态下，<快速>指示灯亮时手脉移动倍数为 10 倍(手脉转一格对应轴移动 10 步)；灯不亮时手脉的移动倍数为 1 倍(手脉转一格对应轴移动 1 步)。

<X-> <X+> <Z-> <Z+> <Y-> <Y+>键：手动方式下，手动移动各轴的功能键。

注：手脉有作用时，手动移动键将不起作用。

<↑速率>键：自动方式时，用来增加切削进给速度的倍率(0%，10%，…，150%)。手动方式时，用来选择各挡手动进给速度。

<↓速率>键：自动方式时，用来降低切削进给速度的倍率(150%，140%，…，0%)。手动方式时，用来选择各挡手动进给速度。

<↑步长>键：手动方式专用，选择各挡手动移动的步长。

<↓步长>键：手动方式专用，选择各挡手动移动的步长。

<→><←><↑><↓>方向键：编辑的光标移动键。输入数据时<←>键具有回删的功能。

<上页><下页>跳页键：编辑时上下跳页。

3. 菜单的使用

加电复位或从各操作方式退出时将显示主菜单，按数字键 1～6 可进入相应的操作方式。操作方式结束后，将返回主菜单。主菜单时按 7 将在最下行显示以下软件版本信息：M V1.18 2001-04；按任意键则返回系统主菜单。

1) 程序的输入(编辑)

按数字键 4 进入编辑操作模式，输入程序名(比如 30)，按 ENTER 键后进入到程序输入状态。然后在相应的程序行号后输入具体的程序内容，按 Enter 键完成第一句的程序输入，同时系统自动生成第二段程序号。在输入过程中只需按字母、数字顺序输入即可，不用排列程序格式，系统会自动排好格式。输入完成后退出。

2) 程序的检查(空运行)

在主菜单界面，按数字键 3 进入空运行模式，然后按 Enter 键。正确的程序则显示"OK"；如不正确则显示错误代码(如 E4 无程序段号)。

3) 执行加工程序

在主菜单界面按数字键 2，然后输入程序名，按 RUN 键，将从当前程序段执行加工程序。若程序段解释错误(程序段的内容不合乎编程的要求),显示:E25 错,按任一键回到等待操作状态。若系统处于出错状态,显示:E..RUN_,按<运行 Run>键执行,按其他键不执行程序。若程序未运行过且当前程序段不是程序开头,显示:E35 RUN_,按<运行>键执行,按其他键不执行程序。若当前的程序段上次执行时中途作了暂停(按了<暂停>键,E19错),显示:E77 RUN_,表明这次执行时该程序段的起始坐标位置发生了变化,这种情况下不提倡再运行,最好先手动将位置移到程序段的起始坐标位置再运行或用<命令 COMM>的 5 号功能执行。这时,按<运行>键执行加工程序(不理会程序段起始位置),按其他键,不执行程序,返回等待操作状态。

4. 数控铣床操作步骤

1) 开机

(1) 检查机床状态是否正常;

(2) 检查电源电压是否符合要求;

(3) 按下"急停"按钮;

(4) 机床上电;

(5) 数控上电;

(6) 检查风扇电机运转是否正常;

(7) 检查面板上的指示灯是否正常。

2) 安装工件(毛坯)

利用手动方式尽量把 Z 轴抬高,利用手柄将工作台降低,装上平口钳并进行调整后把平口钳紧固在工作台上。装上工件并紧固,根据加工高度调整工作台的位置并锁紧。

3) 输入程序

将数控加工程序输入数控系统。由于使用的数控系统不同,输入方式也会有差异。

4) 对刀

确定对刀点在机床坐标系中位置的操作称为对刀。对刀的准确程度将直接影响零件加工的位置精度,因此对刀一定要仔细认真操作。为了保证零件的加工精度,对刀点应尽可能选在零件的设计基准或工艺基准上。首先让刀具在工件的左右碰刀,使刀具逐渐靠近工件,并在工件和工件间放一张纸来回抽动,如果感觉到纸抽不动了,说明刀具与工件的距离已经很小。将手动速率调节到 1 μm 或 10 μm 上,使刀具向工件移动,用塞尺检查其间隙,直到塞尺通不过为止,记下此时的 X 坐标值。把得到的左右 X 坐标值相加并除以 2,此时的位置即为 X 轴 0 点的位置。Y 轴同样如此。利用工件的上平面向刀具接触来确定 Z 轴的位置。在实际生产中,常使用百分表及寻边器等工具进行对刀。

5) 加工

选择自动方式,按下循环启动按钮,铣床便进行自动加工。加工过程中要注意观察情况,并随时调整进给速率,保证在最佳条件下切削。

6) 关机

加工完毕后,卸下工件,清理机床,关机。

12.5 加工中心(Machining center)

加工中心是一种功能较全的数控加工机床，它把铣削、镗削、钻削、攻螺纹和切削螺纹等功能集中在一台设备上，使其具有多种工艺手段。

12.5.1 加工中心的组成(Composition of machining center)

同类型的加工中心与数控铣床的结构布局相似，主要在刀库的结构和位置上有区别，一般由床身、主轴箱、工作台、底座、立柱、横梁、进给机构、自动换刀装置、辅助系统(气液、润滑、冷却)、控制系统等组成，如图 12-26 所示。

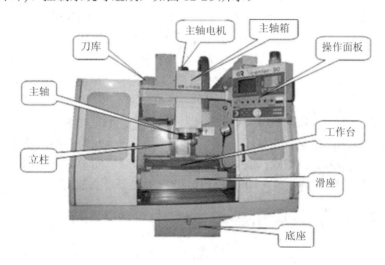

图 12-26　加工中心的组成

12.5.2 加工中心的结构特点(Structural characteristics of machining center)

加工中心本身的结构分两大部分：一是主机部分，二是控制部分。

主机部分主要是机械结构部分，包括床身、主轴箱、工作台、底座、立柱、横梁、进给机构、刀库、换刀机构、辅助系统(气液、润滑、冷却)等。

控制部分包括硬件部分和软件部分。硬件部分包括计算机数字控制装置(CNC)，可编程序控制器(PLC)，输出输入设备，主轴驱动装置，显示装置。软件部分包括系统程序和控制程序。

加工中心结构上的特点如下：

(1) 机床的刚度高、抗震性好。为了满足加工中心高自动化、高速度、高精度、高可靠性的要求，加工中心的静刚度、动刚度和机械结构系统的阻尼比都高于普通机床(机床在静态力作用下所表现的刚度称为机床的静刚度；机床在动态力作用下所表现的刚度称为机床的动刚度)。

(2) 机床的传动系统结构简单，传递精度高，速度快。加工中心的传动装置主要有三种，即滚珠丝杠副，静压蜗杆—蜗母条，预加载荷双齿轮—齿条。它们由伺服电机直接驱动，省去了齿轮传动机构，传递精度高，速度快。

(3) 主轴系统结构简单，无齿轮箱变速系统(特殊的也只保留 1～2 级齿轮传动)。主轴功率大，调速范围宽，并可无级调速。目前加工中心95％以上的主轴传动都采用交流主轴伺服系统，速度可从 10～20 000 r/min 无级变速。驱动主轴的伺服电机功率一般都很大，是普通机床的1～2 倍，由于采用交流伺服主轴系统，主轴电动机功率虽大，但输出功率与实际消耗的功率保持同步，不存在大马拉小车那种浪费电力的情况，因此其工作效率最高。从节能角度看，加工中心又是节能型的设备。

(4) 加工中心的导轨都采用耐磨损材料和新结构，能长期保持导轨的精度，在高速重切削作用下保证运动部件不振动，低速进给时不爬行及运动中的高灵敏度。

(5) 设置有刀库和换刀机构。这是加工中心与数控铣床和数控镗床的主要区别，使加工中心的功能和自动化加工的能力更强。加工中心的刀库容量少的有几把，多的达几百把，这些刀具可通过换刀机构自动调用和更换，也可通过控制系统对刀具寿命进行管理。

(6) 控制系统功能较全。它不仅可对刀具的自动加工进行控制，还可对刀库进行控制和管理，实现刀具自动交换。有的加工中心具有多个工作台，工作台可自动交换，不但能对一个工件进行自动加工，而且可对一批工件进行自动加工。这种多工作台加工中心有的称为柔性加工单元。随着加工中心控制系统的发展，其智能化的程度越来越高，如 FANUC16 系统可实现人机对话、在线自动编程，通过彩色显示器与手动操作键盘的配合，还可实现程序的输入、编辑、修改、删除，具有前台操作、后台编辑的前后台功能；加工过程中可实现在线检测，检测出的偏差可自动修正，保证首件加工一次成功，从而防止废品的产生。

思考与练习(Thinking and exercise)

1. 数控机床加工与普通机床加工相比有何特点？

2. 何谓机床坐标系和工件坐标系？其主要区别是什么？

参 考 文 献(References)

[1] 唱鹤鸣，杨晓平，张德惠. 感应炉熔炼与特种铸造技术. 北京：冶金工业出版社，2002.

[2] 中国机械工程学会. 中国模具设计大典编委会. 铸造工艺装备与压铸模设计. 南昌：江西科学技术出版社，2003.

[3] 陈琦，彭兆弟. 铸造技术问题对策. 北京：机械工业出版社，2001.

[4] 南京工学院金属工艺学教研组. 金属工艺学实习教材. 北京：高等教育出版社，1983.

[5] 清华大学金属工艺学教研组. 金属工艺学实习教材. 北京：高等教育出版社，1994.

[6] 徐木侠. 特种铸造. 北京：机械工业出版社，1992.

[7] 杜西灵，杜磊. 袖珍铸造工手册. 北京：机械工业出版社，1999.

[8] 魏华胜. 铸造工程基础. 北京：机械工业出版社，2002.

[9] 曹瑜强. 铸造工艺及设备. 北京：机械工业出版社，2003.

[10] 机械工业教育协会. 金属工艺学. 北京：机械工业出版社，2001.

[11] 陈君若. 制造技术工程实训. 北京：机械工业出版社，2003.

[12] 陈金德，邢建东. 材料成形技术基础. 北京：机械工业出版社，2000.

[13] 张世昌，李旦，等. 机械制造技术基础. 北京：高等教育出版社，2001.

[14] 傅水根. 机械制造工艺基础：金属工艺学冷加工部分. 北京：清华大学出版社，1998.

[15] 吉卫喜. 机械制造技术. 北京：机械工业出版社，2001.

[16] 周伯伟. 金工实习. 南京：南京大学出版社，2006.

[17] 刘胜青，陈金水. 工程训练. 北京：高等教育出版社，2005.

[18] 张远明. 金属工艺学实习教材. 北京：高等教育出版社，2003.

[19] 骆志斌. 金属工艺学. 5 版. 北京：高等教育出版社，2000.

[20] 孙康宁. 现代工程材料成形与机械制造基础. 北京：高等教育出版社，2005.

[21] 邓文英. 金属工艺学. 4 版. 北京：高等教育出版社，2000.

[22] 李爱菊. 现代工程材料成形与机械制造基础. 北京：机械工业出版社，2001.

[23] 刘全坤. 材料成形基本原理. 北京：机械工业出版社，2004.

[24] 王爱珍. 工程材料及成形技术. 北京：机械工业出版社，2001.

[25] 张学政，李家枢，清华大学金工教研室. 金属工艺学实习教材. 北京：高等教育出版社，2003.

[26] 严绍华. 金属工艺学实习. 北京：清华大学出版社，1993.

[27] 李卓英. 金工实习教材. 北京：北京理工大学出版社，1995.

[28] 吴祖育. 数控机床. 上海：上海科学技术出版社，1996.

[29] 陈家芳. 实用金属切削加工工艺手册. 上海：上海科学技术出版社，1996.

[30] 赵世华. 金属切削机床. 北京：航空工业出版社，1994.

[31] 李伯民. 实用磨削技术. 北京：机械工业出版社，1996.

[32] 刘晋春. 特种加工. 北京：机械工业出版社，1994.

[33] 孙大涌. 先进制造技术. 北京：机械工业出版社，2000.

[34] 李伟光. 现代制造技术. 北京：机械工业出版社，2001.

[35] 吴桓文. 工程材料及机械制造基础Ⅲ：机械加工工艺基础. 北京：高等教育出版社，1990.

[36] 卢秉恒. 机械制造技术基础. 北京：机械工业出版社，1999.

[37] 丁德全. 金属工艺学. 北京：机械工业出版社，2011.

[38] 周桂莲，付平. 工程实践训练基础. 西安：西安电子科技大学出版社，2007.

[39] 苏德胜，张丽敏. 工程材料与成形工艺基础. 北京：化学工业出版社，2008.

[40] 柳秉毅. 金工实习(上册). 北京：机械工业出版社，2009.

[41] 李镇江，张淼. 工程材料及成型基础. 北京：化学工业出版社，2013.

[42] 王英杰，张芙丽. 金属工艺学. 北京：机械工业出版社，2010.

[43] 王英杰. 金属材料及其成形加工. 北京：机械工业出版社，2008.

[44] 张学政，李家枢. 金属工艺学实习教材. 北京：高等教育出版社，2011.

[45] 谢水生，李强，周六如. 锻造工艺及应用. 北京：国防工业出版社，2011.

[46] 金禧德，王志海. 金工实习. 北京：高等教育出版社，2005.

[47] 孔庆华，刘建成，刘英杰，等. 金属工艺学实习. 上海：同济大学出版社，2005.

[48] 黄明宇，徐钟林. 金工实习. 北京：机械工业出版社，2015.

[49] 王继伟. 机械制造工程训练. 北京：机械工业出版社，2014.

[50] 彭江英，周世权. 工程训练：机械制造技术分册. 武汉：华中科技大学出版社，2020.

[51] 刘秉毅. 金工实习：热加工. 4版. 北京：机械工业出版社，2019.

[52] 常万顺，李继高，等. 金属工艺学. 北京：清华大学出版社，2015.

[53] 赵晶文. 金属切削机床. 3版. 北京：北京理工大学出版社，2019.

[54] 贾振元，王福吉，董海. 机械制造技术基础. 2版. 北京：科学出版社，2019.

[55] 卢秉恒. 机械制造技术基础. 4版. 北京：机械工业出版社，2019.

[56] 凡进军，刘坚. 数控机床. 武汉：华中科技大学出版社，2017.

[57] 刘志东. 特种加工. 2版. 北京：北京大学出版社，2017.

[58] 庞国星. 工程材料与成形技术基础. 3版. 北京：机械工业出版社，2018.

[59] 邓宏运，沈猛，李艳明，等. 特种铸造生产实用手册. 北京：化学工业出版社，2015.

[60] 邱言龙，李德富. 磨工实用技术手册. 2版. 北京：中国电力出版社，2019.

[61] 李长河，杨建军. 金属工艺学. 2版. 北京：科学出版社，2018.

[62] 宋昭祥，胡忠举. 现代制造工程技术实践. 4版. 北京：机械工业出版社，2019.

[63] 裴未迟，龙海洋，李耀刚，等. 先进制造技术. 北京：清华大学出版社，2019.

[64] 黄明吉. 数字化成形与先进制造技术. 北京：机械工业出版社，2020.

[65] 殷作禄. 磨工实用技术手册+磨床操作. 北京：机械工业出版社，2020.

[66] 唐一平. 先进制造技术(英文版). 5版. 北京：科学出版社，2020.

[67] 邱言龙. 机修钳工实用技术手册. 2版. 北京：中国电力出版社，2019.

[68] 周文军，张能武. 焊接工艺实用手册. 北京：化学工业出版社，2020.

[69] 李长河，丁玉成. 先进制造工艺技术. 北京：科学出版社，2018.

[70] 贾恒旦. 图解车削加工技术. 北京：机械工业出版社，2017.

[71] 王隆太. 先进制造技术. 3版. 北京：机械工业出版社，2020.

[72] 张学仁. 数控电火花线切割加工技术. 黑龙江：哈尔滨工业大学出版社，2019.